配网专业实训技术丛书

配电线路工基本技能

主　编　姚福申　应高亮
副主编　徐政军　朱晓光　王旭杰

中国水利水电出版社
www.waterpub.com.cn
·北京·

内 容 提 要

本书是《配网专业实训技术丛书》之一，主要内容包括：基础知识、万用表使用、钳形电流表使用、绝缘电阻测试仪使用、接地电阻测试仪使用、红外热像仪使用、开关柜局放测试仪使用、电缆局放测试仪使用、经纬仪使用、核相仪使用、脚扣使用、登高板使用、梯子使用、安全带使用、绳索使用。

本书既可作为从事配电线路施工安装、运行管理、检修调试和教学等的专业参考书和培训教材，也可以供技术人员和管理人员参考使用。

图书在版编目（CIP）数据

配电线路工基本技能 / 姚福申，应高亮主编. -- 北京：中国水利水电出版社，2018.8(2022.4重印)
（配网专业实训技术丛书）
ISBN 978-7-5170-6773-3

Ⅰ. ①配… Ⅱ. ①姚… ②应… Ⅲ. ①配电线路 Ⅳ. ①TM726

中国版本图书馆CIP数据核字(2018)第197417号

书　　名	配网专业实训技术丛书 **配电线路工基本技能** PEIDIAN XIANLU GONG JIBEN JINENG
作　　者	主　编　姚福申　应高亮 副主编　徐政军　朱晓光　王旭杰
出版发行	中国水利水电出版社 （北京市海淀区玉渊潭南路1号D座　100038） 网址：www.waterpub.com.cn E-mail：sales@mwr.gov.cn 电话：(010) 68545888（营销中心）
经　　售	北京科水图书销售有限公司 电话：(010) 68545874、63202643 全国各地新华书店和相关出版物销售网点
排　　版	中国水利水电出版社微机排版中心
印　　刷	清淞永业（天津）印刷有限公司
规　　格	184mm×260mm　16开本　9.5印张　225千字
版　　次	2018年8月第1版　2022年4月第2次印刷
印　　数	4001—5000册
定　　价	**48.00**元

《配网专业实训技术丛书》

丛书编委会

本书编委会

主　　编　姚福申　应高亮

副 主 编　徐政军　朱晓光　王旭杰

参编人员　应学斌　陈新斌　贾立忠　王　澍　赵一帆

冯　超　金　宏　孙路阳　朱泽厅　胡李栋

卢晓峰　王锦义　马玉坤　邓新财　何　成

陈州浩　周大旺　杨宏亮　陶军凯　方　君

蒋　嵘

前　言

近年来，我国城市化建设进程不断推进，居民生活水平不断提升，配网规模快速增长，社会对配网安全可靠供电的要求不断提高。为了加强专业技术培训，打造一支高素质的配网运维检修专业队伍，满足配网精益化运维检修的要求，我们编制了《配网专业实训技术丛书》，以期指导提升配网运维检修人员的理论知识水平和操作技能水平。

本丛书共有6个分册，分别是《配电线路运维与检修技术》《配电设备运行与检修技术》《柱上开关设备运维与检修技术》《配电线路工基本技能》《配网不停电作业技术》以及《低压配电设备运行与检修技术》。作为从事配电网运维检修工作的员工培训用书，本丛书将基本原理与现场操作相结合，将理论讲解与实际案例相结合，全面阐述了配网运维和检修相关技术要求，旨在帮助配网运维检修人员快速准确判断、查找、消除故障，提升配网运维检修人员分析、解决问题能力，规范现场作业标准，提升配网运维检修作业质量。

本丛书编写人员均为从事配网一线生产技术管理工作的专家，丛书编写力求贴近现场工作实际，具有内容丰富、实用性和针对性强等特点。通过对本丛书的学习，读者可以快速掌握配电运行与检修技术，提高自身的业务水平和工作能力。

在本书编写过程中得到过许多领导和同事的支持和帮助，内容有了较大改进，在此向他们表示衷心感谢。本书编写参考了大量的参考文献，在此对其作者一并表示感谢。

由于编者水平有限，书中疏漏和不足之处在所难免，敬请广大读者批评指正。

编者

目　　录

第1章 基 础 知 识

配电线路工日常运行维护着传输、分配电能的0.4～110kV配电网络，无论是在电气设备的检测试验、安装、调试、运行、维护中，还是对配电网络的电压、电流、电阻、功率等技术参数的获取中，都经常需要对一些电的物理量进行电气测量，通过各种仪器仪表对电能质量及负载运行情况进行测量，并对测量结果进行分析，以保证供电、用电设备和配电线路可靠、安全、经济运行。

配电线路工熟练掌握常用仪器仪表的基本使用方法是对配电线路运行维护人员的最根本要求，是检验和评价专业素质水平的基本依据，是运维生产中的工作需要，是技能评定的基本手段。配电线路工在进行电气测量时要能合理选择与正确使用仪器仪表，必须熟悉仪器仪表的结构、原理及使用方法，否则不但不能得到正确的测量结果，反而容易发生严重事故。所以，对一名配电线路工来讲，学习使用常用仪器仪表及测量方法是十分重要的。

在日常工作中，配电线路工还要能够熟练运用脚扣、安全带、梯子、绳索等各种安全工器具和生产用具，这些用具不仅对完成工作任务起一定作用，而且对保护人身安全起着重要作用，如在线路施工中，在杆塔上作业时需使用安全带、保险绳等。正确地使用及维护工具不但能提高工作效率和施工质量，而且能减轻疲劳，保证操作安全，延长工具使用寿命。

1.1 电气测量的基础知识

电气测量的数据主要有：①反映电路特征的物理量，如电阻、电容、电感、电抗等；②反映电和磁特征的物理量，如电流、电压、电功率、电能等；③反映电和磁变化规律的物理量，如频率、相位、功率因数等。电气测量是借助于测量设备将被测量的电量或磁量，与同类标准量进行比较，从而确定被测电量或磁量的过程。进行电量或磁量测量的各种仪器仪表，对被测量与标准量进行比较的仪器仪表、作为测量单位参与测量的度量仪器仪表，统称为测量仪表。进行电气测量时，应根据被测量的性质和测量的目的，选择不同的测量仪表和不同的测量方法。

常用电气测量方法如下：

（1）直接测量法。直接测量法是指测量结果可从一次测量的数据中得到。如用电流表测量电流、用欧姆表测量电阻等都属于直接测量法。此方法测量简便、读数迅速，但准确度较低。

（2）间接测量法。间接测量法只能测出与被测量有关的量值，然后经过计算求得被测量。如用伏安法测量电阻，需要先测量电阻两端的电压和经过电阻的电流，再根据欧姆定律计算出被测的电阻值。间接测量法的误差比直接测量法大。

(3) 比较测量法。比较测量法是将被测量与标准量在比较仪器中进行比较后而得到被测量数值的一种方法，比较测量法可分为零值法、较差法和替代法三种。

1) 零值法（又称平衡法)。它是利用被测量对测量仪表的作用与标准量对仪器的作用相互抵消的方法，由指示仪表作出判断。即当指零仪表指零时，表明被测量与标准量相等。就像天平称物体的质量一样，当指针指零时，表明被测物质量与砝码的质量相等，根据砝码的质量便知所称重物的质量数值。由此可见，零值法测量的准确度取决于度量器的准确度和指示仪表的灵敏度。电桥和电位差计都是采用零值法原理进行测量的。

2) 较差法。较差法是利用被测量与标准量的差值作用于测量仪表而实现测量目的的一种测量方法，较差法有较高的测量准确度。标准电池的相互比较就采用这种方法。

3) 替代法。替代法利用标准量代替被测量，而不改变测量仪表原来的读数状态，这时被测量与标准量相等，从而获得测量结果，其准确度主要取决于标准量的准确度和测量仪表的灵敏度。

比较测量法的优点是准确度和灵敏度都较高，其准确度最小可达±0.001%；缺点是设备复杂，操作麻烦，此方法常用于精密测量。

1.2 测量仪表的分类与特性

电气测量仪表基本上可以分为 4 大类：指示仪表、比较仪表、数字式仪表、智能仪表。

测量仪表按用途、工作原理、准确度等级、外壳防护性能、使用环境等又可分为：

(1) 按用途分为电压表、电流表、万用表、功率表、钳形电流表、绝缘电阻测试仪、接地电阻测试仪等。

(2) 按工作原理分为磁电系、电磁系、电动系、感应系、静电系、整流系等。

(3) 按准确度等级分为 0.1、0.2、0.5、1.0、1.5、2.5、5.0 等 7 个等级。

(4) 按外壳防护性能分为普通、防尘、防水、防湿气、防溅、防爆、尘密、水密、气密等。

(5) 按使用环境分为 A 组、B 组、C 组等 3 个组。

常用电气测量仪表的主要特性见表 1-1。

表 1-1　　常用电气测量仪表的主要特性

系别	适用电流种类	基本测量量	准确度等级	标尺特性	过载能力	防御外磁场能力	功率消耗	常用电气测量仪表
磁电系	—	电流	达 0.1	均匀	弱	强	小	直流可携式标准表及安装式仪表（电流表、电压表、欧姆表、检流计）
电磁系	≂(主要用于交流)	电流有效值	达 0.2	不均匀	强	弱	较大	交流安装式仪表（电流表、电压表、相位表、同步指示器）
电动系	≂	电流有效值 功率平均值	达 0.1	电流不均匀 功率均匀	弱	弱	大	交流可携式标准表（电流表、电压表、功率表、相位表、频率表）

续表

系别	适用电流种类	基本测量量	准确度等级	标尺特性	过载能力	防御外磁场能力	功率消耗	常用电气测量仪表
铁磁电动系	≂(主要用于交流)	电流有效值功率平均值	达 0.5	电流不均匀功率均匀		强	较小	交流安装式仪表（电流表、电压表、功率表、相位表、频率表）
感应系	～（工频）	电能	达 1.0		强	强	大	交流电度表
静电系	≂	电压有效值	达 0.1	不均匀		防外电场能力弱	极小	电压表（测量高电压、测高频或小功率电路的电压）
整流系	～	电流平均值（整流后）	达 1.0	均匀	弱	强	小	电流表、电压表和频率表

常见物理量单位见表 1-2。

表 1-2　　常见物理量单位

物理量	单位名称	单位符号	物理量	单位名称	单位符号	物理量	单位名称	单位符号
电流	安培	A	无功功率	兆乏	Mvar	相位	度	(°)
	毫安	mA		千乏	kvar	功率因数	(无单位)	—
	微安	μA		乏	var	无功功率因数	(无单位)	—
电压	千伏	kV	电阻	兆欧	MΩ	电容	法拉	F
	伏	V		千欧	kΩ		毫法	mF
	毫伏	mV		欧姆	Ω		微法	μF
	微伏	μV		毫欧	mΩ		皮法	pF
功率	兆瓦	MW	频率	兆赫	MHz	电感	亨	H
	千瓦	kW		千赫	kHz		毫亨	mH
	瓦特	W		赫兹	Hz		微亨	μH

常用电气测量仪表的符号表示见表 1-3。

表 1-3　　常用电气测量仪表的符号表示

名称	符号	名称	符号	名称	符号
磁电系仪表		电动系仪表		感应系仪表	
磁电系比率表		电动系比率表		静电系仪表	
电磁系仪表		铁磁电动系仪表		整流系仪表（带半导体整流器和磁电系测量机构）	

常用电气测量仪表的端子符号见表1-4。

表1-4 常用电气测量仪表的端子符号

名称	符号	名称	符号	名称	符号
负端钮	—	公共端钮	⚹	与外壳相连接的端钮	⏊
正端钮	+	接地用的端钮	⏚	与屏蔽相连接的端钮	◌

1.3 测量仪表的基本使用要求

在进行电气测量时，必须首先选择合适的测量仪表，并在测量过程中采用正确的使用方法，才能得到准确有效的测量数据。否则，不但不能得到正确的测量数据，反而可能引起人身设备事故，所以正确选择和使用测量仪表非常重要。要正确地选择和使用测量仪表必须熟悉测量仪表的结构、原理和技术特性，以及各种系列测量仪表的结构。

1.3.1 正确选择测量仪表

(1) 选择测量仪表的类型。根据被测量的性质选择测量仪表的类型，如根据被测量是直流还是交流，来选用直流仪表还是交流仪表，或选用直流档还是交流档。测量交流量时还要考虑是正弦还是非正弦，是工频还是高频。

(2) 选择测量仪表的内阻。根据测量线路及被测电路阻抗大小选择测量仪表的内阻，如电压表的内阻越大越好，电流表的内阻越小越好。一般当电压表内阻 $R_v \geqslant 100R$（R 为与电压表并联的被测电阻的总电阻）时，就可以忽略电压表内阻的影响。

(3) 选择测量仪表的准确度等级。根据实际工程要求和经济性，合理选择测量仪表的准确度等级，准确度等级越高，测量仪表价格也越高，且维修也越困难。一般控制屏上测量仪表的准确度等级规定为：交流电压表、电流表、功率表准确度等级为1.5～2.5级；直流电流表、电压表准确度等级为1.5级；与测量仪表连接的分流器、附加电阻的准确度等级要求不低于0.5级；测量用互感器准确度等级至少应为1.0级。

(4) 选择测量仪表的量程。根据被测量的大小，选用合适的量程，使被测量大小为测量仪表量程的1/2～2/3以上。若不知道被测量的大致数值范围，则应先用测量仪表量程进行点测，以判定被测量的大致数值范围。

(5) 选择测量仪表的使用环境。测量仪表使用环境分为A组、B组和C组。A组测量仪表一般在0～40℃的条件下使用，B组测量仪表一般在−20～50℃的条件下使用，C组测量仪表一般在−40～60℃的条件下使用。

1.3.2 正确接线

不同的测量仪表，接线也不同，不能乱接。一般电流表（或功率表、电能表、电流线圈）串联接入电路，电压表（或功率表、电能表、电压线圈）并联接入电路，直流表要注意“+”“-”端子不能接反，在不知极性的情况下，也可采用点测法判定极性，电流互感器原边串入电路，副边所有电流表（或电流线圈）串联，电压互感器原边并入被测电路，副边所有电压表（或电压线圈）并联，互感器二次绕组有两种，应把测量仪表接在准确度等级较高的端子上，而将继电保护接在准确度等级低一级的端子上；功率表或电能表的接线必须注意端子的极性符号。

1.4 配电线路工常用测量仪表

配电线路工经常使用的测量仪表有万用表、钳形电流表、绝缘电阻测试仪（又称兆欧表）、接地电阻测试仪、红外热成像仪、开关柜及电缆局部放电（以下简称局放）测试仪、经纬仪、核相仪等，要求配电线路工能够熟悉测量仪表的使用方法。

万用表又称多用表，是电力部门不可缺少的一种多功能、多量程的测量仪表，主要适用于电气设备检修、试验和调试等工作。一般以测量电压、电流和电阻为主要目的，有的万用表甚至还可以测电容、电感及晶体管的主要参数等。

钳形电流表又称安培钳，是一种便携式测量仪表，用于不拆断电路的情况下测量电流的情况。具有使用方便、不用拆线、不切断电源的特点。主要适用于低压20～1000A大电流测量和TT系统台区低压线路漏电原因的排查。

绝缘电阻测试仪是测量电力线路、电气设备绝缘电阻和检查电气设备绝缘指标（吸收比、极化指数）的专用仪表，通过吸收比、极化指数等绝缘指标，分析判定出电气设备的绝缘受潮和裂化程度。

接地电阻测试仪是测量埋入地下的接地体电阻和土壤电阻率的专用仪表，分析和判断接地装置的性能是否满足相关规程要求。

红外热成像仪主要由红外光学系统、红外探测器、A/D转换系统和信号处理系统等组成。通过测量物体辐射出的红外线能量，计算出被测物体的温度，再将物体的热分布转换为可视图像，并在显示器上以灰度级或伪彩色显示出来，从而得到被测目标的温度分布场。红外热成像仪特性参数包括探测器像素、镜头视角、测温范围和测温准确度等。通常红外热成像仪具有修正功能，包括对被测电力设备发射率、反射率、透过率、环境温度和大气环境对被测目标热辐射衰减、环境热辐射、光学及电测系统因素的修正。

开关柜局放测试仪对运行中的10kV开关柜进行测试，可以及时发现运行中的设备存在的异常或放电现象，极大地减少高压设备停电时间，从而减少设备停电给用户带来的影响。

电缆局放测试仪对运行中的10kV电缆终端及中间接头采用高频、超声波等方法进行检测，可以及时发现运行中存在的异常或放电现象，减少配电线路故障的发生，减少停电给用户带来的影响。

经纬仪是配电线路测量中的主要仪器之一，常用它来测量配电线路的转角、高差、高度、弧垂、限距、交跨距离等。通常测量运行中配电线路的弧垂、与跨越物的交跨距离，可以及时掌握线路的运行情况，避免距离不足引起隐患的发生。

核相仪核相属于电气核相，包括核对相序和相位，一般采用仪表或相关手段核对两电源或合环点两侧相位、相序是否相同。

1.5 配电线路工常用安全工器具

登高作业安全工器具是在登高作业及上、下过程中使用的专用工器具，以及高处作业时，为防止高处坠落制作的防护用具，如脚扣、登高板、梯子、安全梯、绳索等。

脚扣是架空线路工作人员登高作业时攀登电杆的工具，一般采用高强无缝钢管制作，经过热处理，具有重量轻、强度高、韧性好、安全可靠、携带方便等优点。

登高板也称升降板，由质地坚韧的木板制作成的脚踏板和吊绳组成，是架空线路工作人员登高作业时攀登电杆的工具。

梯子一般由两根长粗杆子（绳）做边，中间横穿短的适合攀爬的横杆组成。是由木料、竹料、绝缘材料、铝合金等材料制作的登高作业工具。

安全带由护腰带、肩带、腿带、胸带、围杆带或围杆绳、安全绳、金属配件等组成，是高空作业时防止发生高空坠落的重要安全用具。

绳索是指用多根或多股细钢丝拧成的挠性绳索，在物料搬运机械中，提供升、牵引、拉紧和承载等作用。麻绳具有质地柔韧、轻便、易于捆绑、结扣及解脱方便等优点，但其强度较低，且易磨损、腐烂、霉变，主要用于绑扎构件或抬吊物件。绝缘绳用于架空线路带电作业的专业绳索，适用于较轻物件的吊装作业。钢丝绳具有强度高、自重轻、工作平稳、不易骤然整根折断等优点，工作可靠。

第2章 万用表使用

万用表是电力部门不可缺少的一种多功能、多量程的测量仪表，主要适用于电气设备检修、试验和调试等工作。一般以测量电压、电流和电阻为主要目的，有的万用表甚至还可以测电容、电感及晶体管的主要参数等。

2.1 专业术语

(1) 端子：电路元件、电网络与其他电路元件、电网络相互连接的点。

(2) 直流电流：不随时间变化的电流，或广义理解为以直流分量为主的周期电流。

(3) 直流电压：不随时间变化的电压，或广义理解为以直流分量为主的周期电压。

(4) 交流电流：随时间周期性变化而直流分量为零的电流，或广义理解为直流分量可以忽略的电流。

(5) 交流电压：随时间周期性变化而直流分量为零的电压，或广义理解为直流分量可以忽略的电压。

(6) 电阻：导体对电流的阻碍作用。其值与长度成正比，与其截面积成反比，与其电阻率成正比。

2.2 分类

2.2.1 指针式万用表

指针式万用表（图2-1）的测量值由表头指针指示读取，表头是一只高灵敏度的磁电式直流电流表，其主要性能指标基本上取决于表头的性能。

图2-1 指针式万用表

2.2.2 数字式万用表

数字式万用表（图 2－2）的测量值由液晶显示屏直接以数字的形式显示，读取方便，有些还带有语音提示功能。

图 2－2　数字式万用表

2.3　结构和工作原理

2.3.1 指针式万用表

指针式万用表由表头、测量线路、转换开关、表笔和表笔插孔等主要部分组成。

（1）表头。表头是一只高灵敏度的磁电式直流电流表，万用表的主要性能指标基本上取决于表头的性能。表头的灵敏度是指表头指针满刻度偏转时流过表头的直流电流值，这个值越小，表头的灵敏度越高。测量电压时的内阻越大，其性能就越好，其工作原理如图 2－3所示。

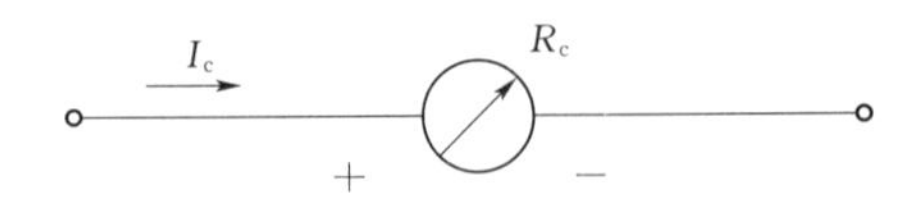

图 2－3　万用表表头原理图

指针式万用表的表头（图 2－4）上印有多种符号、刻度线和数值。符号“A—V—Ω”表示这只电表是可以测量电流、电压和电阻的万用表。符号“－”或“DC”表示直流，“～”或“AC”表示交流，“≂”表示交流和直流共用的刻度线。表盘上印有多条刻度线，其中右端标有“R”或“Ω”的是电阻刻度线，其右端为零，左端为∞，刻度值分布是不均匀的，转换开关在欧姆档时，即读此条刻度线。标有“DCV. ACV. mA”的指示的是交、直流电压和直流电流值，当转换开关在交、直流电压或直流电流档，量程在除交流 10V 以外的其他位置时，即读此条刻度线。标有“AC10V”的是 10V 的交流电压值，当转换开关在交、直流电压档，量程在交流 10V 时，即读此条刻度线。标有“dB”的指示的是音频电平。

此外，刻度线下的几行数字是与选择开关的不同档位相对应的刻度值。表头下侧中间位置还设有机械零位调整旋钮，用以校正指针在左端零位。

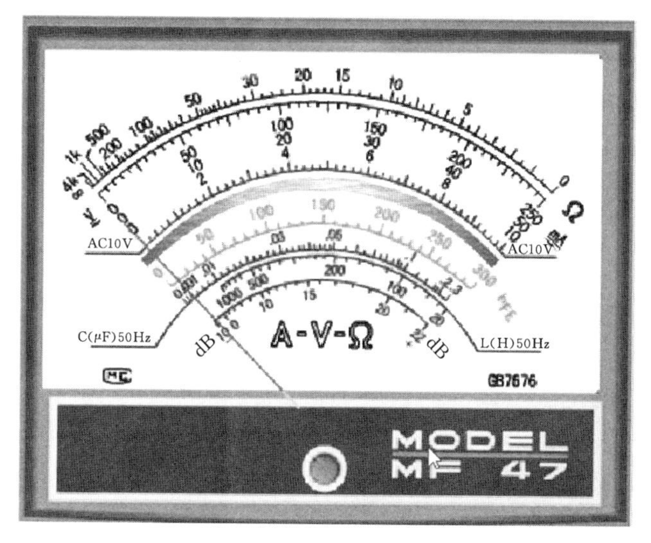

图 2－4　指针式万用表表头

（2）测量线路。测量线路是用来把各种被测物理量转换到适合表头测量的微小直流电流的电路，它由电阻、半导体元件及电池组成，能将各种不同的被测物理量（如电流、电压、电阻等）及不同量程经过一系列处理（如整流、分流、分压等）统一变成一定量程的微小直流电流送入表头进行测量。

（3）转换开关。转换开关是一个多档位的旋转开关，一般是一个圆形拨盘，其周围分别标有功能和量程。其作用是用来选择测量项目和量程，以满足不同种类和不同量程的测量要求。一般测量项目包括：直流电流（mA）、直流电压（V）、交流电流（mA）、电阻（Ω）等。每个测量项目又划分为几个不同的量程以供选择。

（4）表笔和表笔插孔。表笔分为红、黑两支。使用时应将红色表笔插入标有“＋”号的插孔，黑色表笔插入标有“－”号的插孔。

指针式万用表的基本原理（图 2－5～图 2－8）是利用一只灵敏的磁电式直流电流表（微安表）做表头，当微小电流通过表头，就会有电流指示。但表头不能通过大电流，所以，必须在表头上并联与串联一些电阻进行分流或降压，从而测出电路中的电流、电压和电阻。

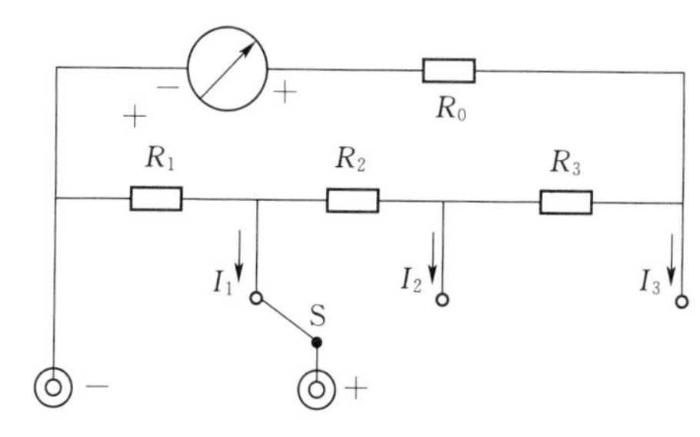

图 2－5　直流电流测量原理图

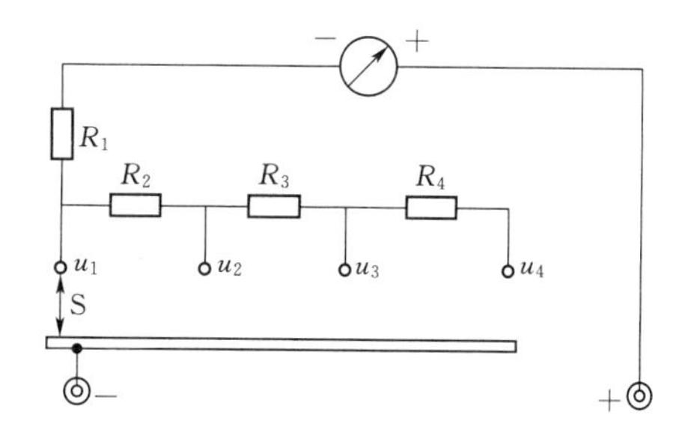

图 2－6　直流电压测量原理图

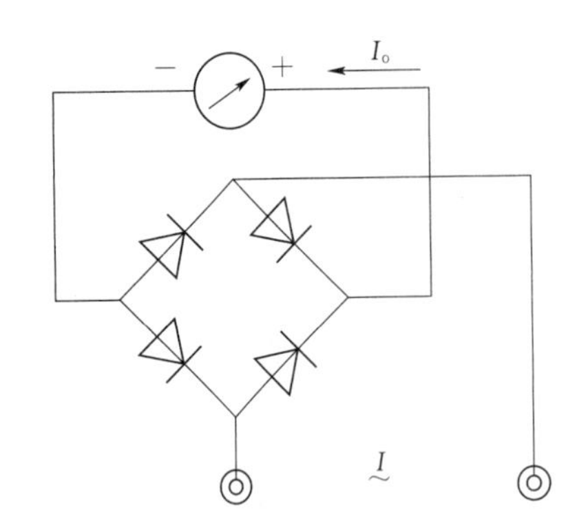

图 2-7　交流电流测量原理图

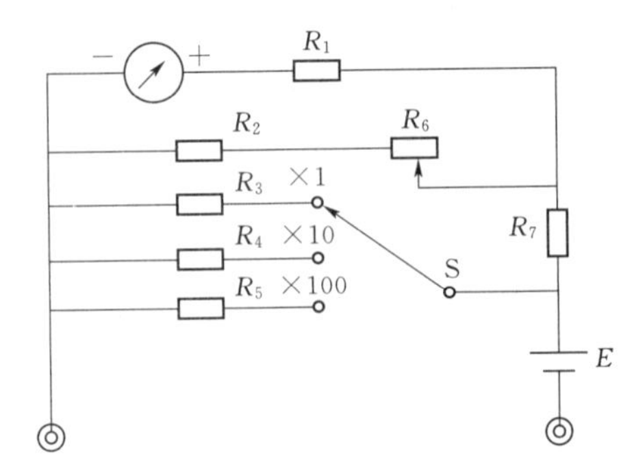

图 2-8　电阻测量原理图

2.3.2　数字式万用表

数字式万用表主要由视窗、功能按钮、转换开关和接线插孔等组成，内部为集成电路、电源。数字式万用表应用广泛，灵敏度高，准确度高，显示清晰，过载能力强，便于携带，使用简单。

数字万用表的测量过程由转换电路将被测物理量转换成直流电压信号，再由模/数（A/D）转换器将电压模拟量转换成数字量，然后通过电子计数器计数，最后把测量结果用数字直接显示在显示屏上。目前，应用于普通数字万用表的A/D转换器以ICL7016居多，在转换器为核心的基础上，增设一些辅助电路，即扩展成了数字式万用表。图2-9所示为数字式万用表电路图。

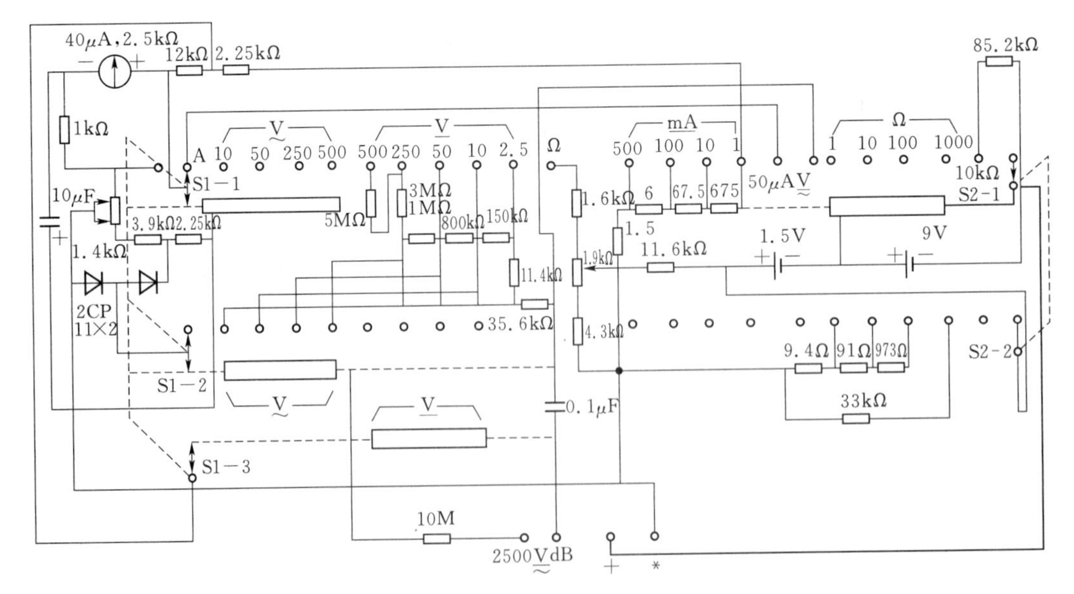

图 2-9　数字万用表电路图

2.4 仪 器 的 选 择

近年来，随着电子产业制造水平的不断提升，高档指针式万用表已被淘汰，因数字式万用表灵敏度和准确度高、显示清晰、过载能力强、便于携带和使用更为简单的特点，目前应用广泛。数字式万用表的选择主要从产品的性能、品牌、外观和价格等方面综合考虑。万用表的性能主要包括测量精度、扩展功能、可靠性、耐用型、产品安全性等，万用表精度包括两个方面：一个是测量的准确度，即“误差”；另一个是测量的分辨率，即通常所说的“万用表的位数”。一般用户不必过分注重产品的性能，万用表实用、够用即可，不一定要选择高价、高档的产品。对于配电线路工来而言，普通的三位半数字表就足够用了。

2.5 使用方法和注意事项

2.5.1 指针式万用表

1. 使用方法

（1）熟悉表盘上各种符号的意义及各种旋钮和选择开关的主要作用。

（2）进行机械调零。如有偏离，可用小螺丝刀轻轻转动表头上的机械零位调整旋钮，使表针指零。

（3）根据被测量的种类及大小，选择转换开关的档位及量程，找出对应的刻度线。

（4）选择表笔插孔的位置。

（5）测量电压。测量电压时要选择好量程，如果用小量程去测量大电压，则会有烧表的危险；如果用大量程去测量小电压，那么指针偏转太小，无法读数。量程的选择应尽量使指针偏转到刻度的2/3左右。如果事先不清楚被测电压的大小，应选择最高量程档，然后逐渐减小到合适的量程。

1）交流电压的测量。将万用表的一个转换开关置于交流电压档，另一个转换开关置于交流电压的合适量程上，万用表2个表笔和被测电路或负载并联即可。

2）直流电压的测量。将万用表的一个转换开关置于直流电压档，另一个转换开关置于直流电压的合适量程上，且“+”表笔（红表笔）接到高电位处，“－”表笔（黑色笔）接到低电位处，即让电流从“+”表笔流入，从“－”表笔流出。若表笔接反方向，表头指针会反方向偏转，容易撞弯指针。

（6）测量电流。将万用表的一个转换开关置于直流电流档，另一个转换开关置于50μA～500mA的合适量程上，电流的量程选择和读数方法与电压一样。测量时必须先断开电路，然后按照电流从“+”到“－”的方向，将万用表串联到被测电路中，即电流从红笔流入，从黑表笔流出。如果将万用表与负载并联，则因表头的内阻很小，会造成短路而烧毁仪表。

（7）测量电阻。

1）选择合适的倍率档。万用表欧姆档的刻度线是不均匀的，所以倍率档的选择应使指针停留在刻度线较稀的部分为宜，且指针越接近刻度尺的中间，读数越准确。一般情况下，应使指针指在刻度尺的1/3～2/3处。

2）欧姆调零。测量电阻之前，应将2个表笔短接，同时调节“欧姆（电气）调零”旋钮，使指针刚好指在欧姆刻度线右边的零位。如果指针不能调到零位，说明电池电压不足或仪表内部有问题。每换一次倍率档，都要再次进行欧姆调零，以保证测量准确。

3）读数。表头的读数乘以倍率，就是所测电阻的电阻值。

2. 注意事项

（1）在测量电流、电压时，不能带电换量程。

（2）在选择量程时，要先选大的，后选小的，尽量使被测值接近于量程。

（3）测电阻时，不能带电测量。因为测量电阻时，万用表由内部电池供电，如果带电测量，则相当于接入一个额外的电源，可能损坏表头。

（4）使用完毕，应使转换开关在交流电压最大档位或空档上。

2.5.2 数字式万用表

使用前，应认真阅读有关的使用说明书，熟悉电源开关、量程开关、插孔及特殊插口的作用。以下是数字式万用表交、直流电压，交、直流电流和电阻等的测量方法。

1. 使用方法

（1）将电源开关置于“ON”位置。

（2）交、直流电压的测量（图2-10）。当测试电压大于1V时，根据需要将量程开关拨至“V dc”或“V ac”的档位，红表笔插入“V/Ω”端子，黑表笔插入“COM”端子，将表笔与被测线路并联，读取显示屏上测出的电压。当测试电压小于1V时，选择“mV”档，按下黄色按钮可以在交流和直流电压测量之间进行切换。

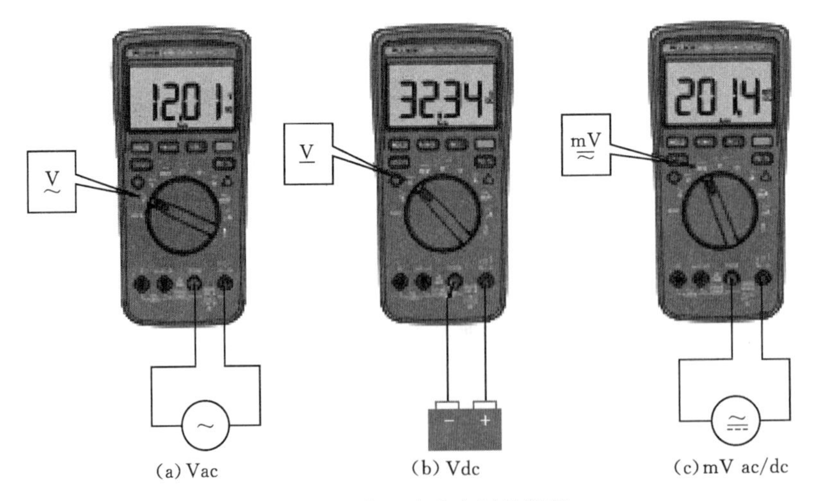

图2-10　交、直流电压的测量

（3）交、直流电流的测量（图2-11）。根据需要将量程开关拨至“A”“mA”或“μA”的合适量程，按下黄色按钮可以在交流和直流电流测量之间进行切换。根据要测量的电流将红色测试导线连接至“A”“mA”或“μA”端子，并将黑色测试导线连接至“COM”端子，断开待测的电路路径，然后将测试导线连接断口并施用电源，阅读显示屏上的测出电流。

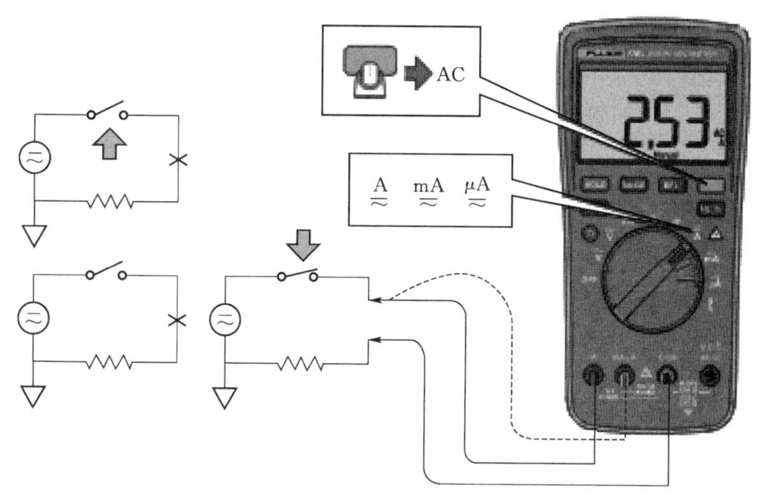

图 2－11　交、直流电流的测量

（4）电阻的测量和通断性测试（图 2－12）。

1）将量程开关转至“Ω”档，红表笔插入“V/Ω”端子，黑表笔插入“COM”端子。切断待测电路的电源，将表笔接触想要测试的点测量电阻，读取显示屏上测出的电阻。测量电阻时，红表笔为正极，黑表笔为负极，这与指针式万用表正好相同。因此，测量晶体管、电解电容器等有极性的元器件时，必须注意表笔的极性。

2）通断性测试。选择电阻模式后，按下黄色按钮激活万用表通断性蜂鸣器，如果电阻低于 70Ω，蜂鸣器将持续响起，表明电路出现短路。

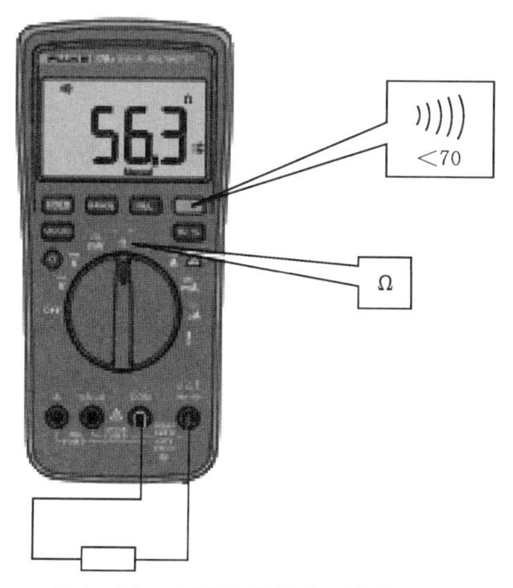

图 2－12　电阻的测量和通断性测试

2. 注意事项

(1) 测量时，必须使用正确的端子、功能档和量程档。先连接零线或地线，再连接火线；断开时，先切断火线，再断开零线或地线。

(2) 按照指定的测量类别、电压或电流额定值进行操作，端子间或每个端子与接地点施加的电压不能超过额定值。如果无法预先估计被测电压或电流的大小，则应先拨至最高量程档测量一次，再视情况逐渐把量程缩小到合适的位置。

(3) 满量程时，仪表仅在最高位显示数字“1”，其他位均消失，这时应选择更高的量程。

(4) 测量直流量时不必考虑正、负极性，数字万用表能自动显示极性。

(5) 电阻档测量时，红色表笔的电位要高于黑色表笔。

(6) 当误用交流电压档去测量直流电压，或者误用直流电压档去测交流电压时，显示屏将显示“000”，或低位上的数字出现跳动。

(7) 禁止在测量高电压（220V 以上）或大电流（1A 以上）时换量程，以防止产生电弧，烧毁开关触点。

(8) 当显示“BATT”或“LOW BAT”时，表示电池电压低于工作电压。

(9) 测量完毕，应将量程开关拨至最高电压档，并关闭电源。

2.6 维护保养

(1) 每次使用后拔出表笔。将选择开关旋至“OFF”档，若无此档，应旋至交流电压最大量程档。

(2) 运输中注意放置平整，防止剧烈摇晃损坏仪表。

(3) 日常维护注意妥善保管，检查绝缘，定期校验。

(4) 若长期不用，应将表内电池取出，以防电池电解液渗漏而腐蚀内部电路。当显示电池电量不足时，需更换电池，以防测量不正确。

2.7 应用实例

2.7.1 低压熔丝通断性检测

低压二次控制回路和计量回路装有低压保护熔丝，损坏后往往造成配电柜仪表、合闸指示灯、控制仪等无法工作，这时可将万用表红、黑表笔分别搭接在低压熔丝两端，利用万用万用表通断性测试功能检测熔丝好坏。如图 2-13 所示，电阻值为 0Ω，且伴有持续的蜂鸣声则表示熔丝正常。

2.7.2 联络变压器低压核相

配电变压器并列运行除满足“绕组连接组别标号相同，电压比相等，短路阻抗差不得超过 10%，容量比应为 0.5～2.0”等条件外，投运前还应保证两台变压器电源相序一致。

联络运行的配电变压器投运前，需要在联络开关两侧核对相序（图 2－14），确保相位相同，否则将造成短路。联络变压器低压核相步骤如下：

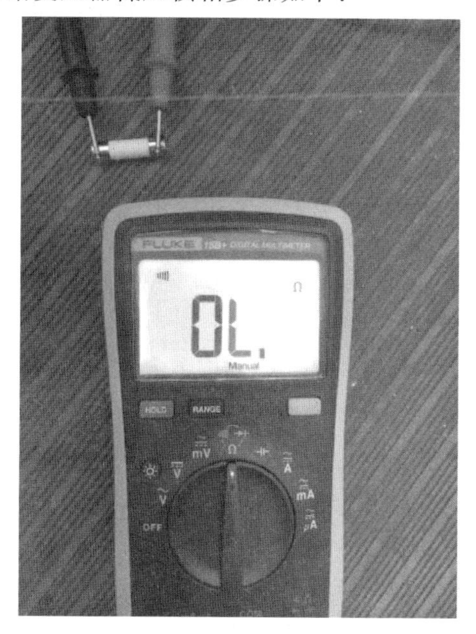

图 2－13　低压熔丝通断性检测

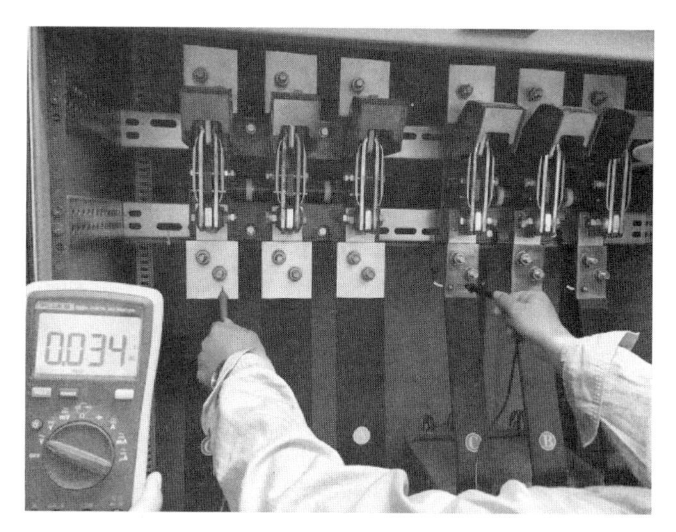

图 2－14　联络变压器低压核相

（1）断开低压联络开关和两侧闸刀。

（2）将联络的两台变压器分别送电。

（3）打开万用表电源，选择交流电压“$\underset{\sim}{\mathrm{V}}$”测量档。

（4）将万用表红、黑表笔分别搭接在两闸刀电源侧的同一相位，若测得电压为 0V，则相序一致，若测得电压为 380V，则相序不同，这时需要更换其中一台配电变压器的高压相序，直至电压测得为 0V。

第3章　钳形电流表使用

钳形电流表又称安培钳，是一种便携式电测仪表，用于不拆断电路情况下需测量电流的场所，具有使用方便、不用拆线、不切断电源的特点，主要适用于低压20～1000A大电流测量和TT系统台区低压线路漏电原因的排查。

3.1　专　业　术　语

（1）TT系统：变压器低压侧中性点直接接地，系统内所有受电设备的外露可导电部分用保护接地线（PEE）接至电气上与电力系统的接地点无直接关联的接地极上。

（2）剩余电流：通过保护器回路电流的矢量和。

（3）剩余动作电流：使剩余电流动作保护器在规定条件下动作的剩余电流值。

（4）额定剩余动作电流：制造厂对剩余电流动作保护装置规定的剩余动作电流值，在该电流值时，剩余电流保护装置应在规定的条件下动作。

（5）剩余电流动作保护器：在规定的条件下，被保护电路中剩余电流超过给定值，能自动断开电路或发出报警信号的机械开关电器或组合电器。

（6）总保护器：保护器安装在低压电网电源端或进线端，实现对所属网络的整体保护。

3.2　分　　类

钳形电流表（图3-1）根据测试电流分类，有交流钳形表、直流钳形表、交直流两用钳

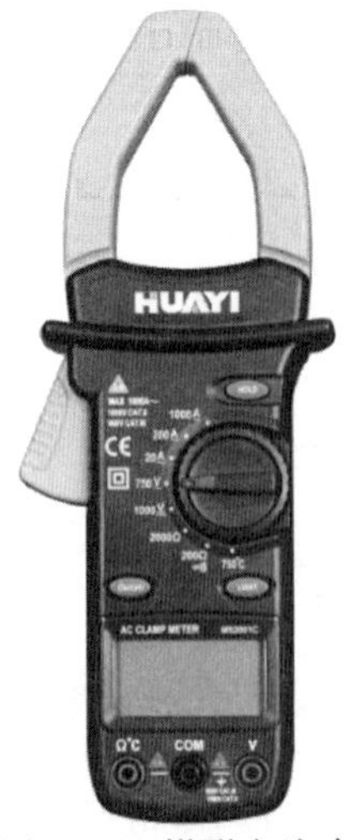

图3-1　钳形电流表

形表、多用钳形表。多用钳形表由钳形电流互感器和万用表组合而成，将钳形电流互感器拔出，可单独作为万用表使用。

3.3 结构和工作原理

钳形电流表由一只磁电式电流表和穿心式电流互感器组成，并有一个特殊的结构——可张开和闭合的活动铁芯。其工作原理是建立在电流互感器工作原理的基础上的，互感器的铁芯有一活动部分同手柄相连（图 3-2）。当握紧手柄时，电流互感器的铁芯张开，将被测电流的导线卡入钳口中，成为电流互感器的初级线圈。放开手柄，则铁芯的钳口闭合。这时钳口中通过导线的电流在次级线圈产生感应电流，被测电路作为铁芯的一组线圈，显示器即可显示被测电流的大小。

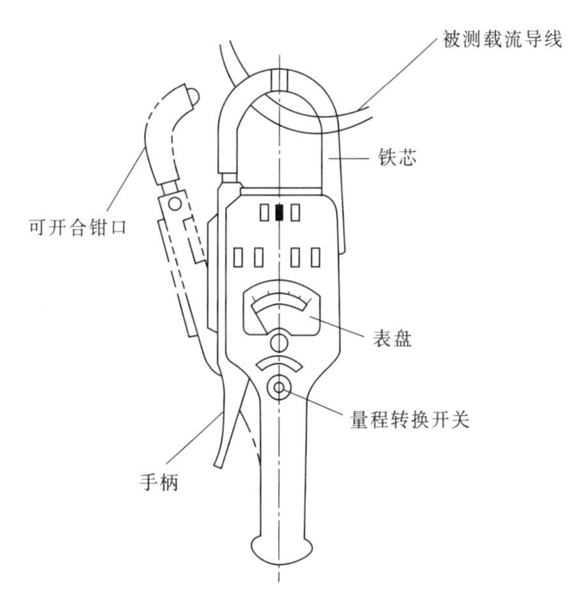

图 3-2　钳形电流表的外形及使用方法示意图

由于其工作原理是利用电流互感器的工作原理，它的初级绕组就是钳口中被测电流所通过的导线。铁芯闭合是否紧密对测量结果影响很大，且当被测电流较小时，会使测量误差增大。这时，可将被测导线在铁芯上多绕几圈来改变互感器的电流比，以增大电流量程。此时，被测电流 I_x应为

$$I_x = I_a / N \tag{3-1}$$

式中　I_a——电流表读数；

N——缠绕的匝数。

钳形电流表还可供测量电阻和交流电压使用。在测量交流电压时不用互感器，另外接线测量。

钳形电流表夹测低压线路漏电流的工作原理如图 3-3 所示。电网正常时，流过钳形电流表互感器的电路电流矢量和等于零，即此时钳形电流表无电流显示，表示线路无漏电；当流过钳形电流表互感器的电路电流矢量和不等于零，即此时钳形电流显示零序电

流，表明线路存在漏电流，当数值较大时，则应继续排查下级线路漏电流。

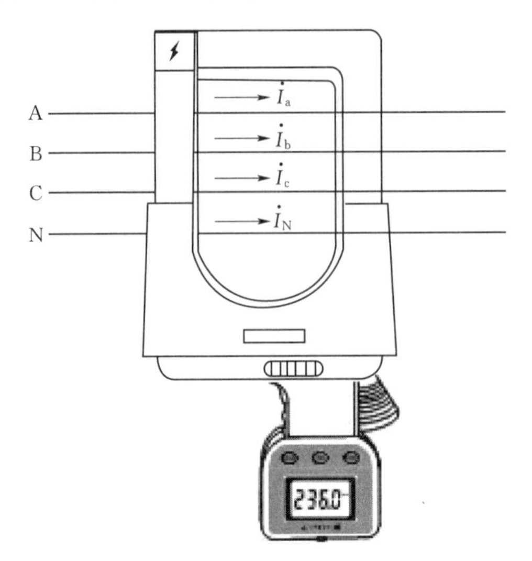

图3-3　钳形电流表夹测低压线路漏电流工作原理图

3.4　仪器的选择

选择钳形电流表时，应根据所需精度、被测量范围及所需功能选择相应仪表，主要考虑钳口大小、量程范围、精度误差、基本频率等。为解决昏暗或位置不佳等造成的读数困难问题，还应选择带有数据保持按钮的钳形电流表，即按下按钮后离开导体数据依然保留在显示屏上，读取数据后再次按键能消除保留数据。钳形电流表钳口大小根据最粗低压电缆的外径选择，一般至少100mm；考虑需要测量配电变压器低压侧大负荷电流，量程上限宜选择1000A或以上；因低压线路漏电流排查需要，钳形电流表应精确到0.1mA。

3.5　使用方法和注意事项

1. 使用方法和步骤

（1）测量前，应先检查钳形电流表铁芯的绝缘橡胶是否完好无损，钳口应清洁、无锈，闭合后无明显的缝隙。

（2）测量时，应先估计被测电流大小，选择合适量程。若无法估计，可先选较大量程，然后逐档减小，转换到合适的档位。转换量程档位时，必须在不带电情况下或者在钳口张开情况下进行，以免损坏仪表。

（3）测量时，被测导线应尽量放在钳口中部，钳口的结合面若有杂声，应重新开合一次，若仍有杂声，应处理结合面，以使读数准确。

（4）测量5A以下电流时，为得到较为准确的读数，在条件许可时，可将导线多绕几圈，放进钳口测量，其实际电流值应为仪表读数除以放进钳口内的导线匝数。目前新型数字式钳形电流表有多个量程可供选择，不再需要将导线绕圈测量。

2. 注意事项

(1) 钳形电流表不得测量高压线路的电流，被测线路的电压不得超过钳形电流表所规定的额定电压，只限于被测电路的电压不超过 600V，以防绝缘击穿和人身触电。

(2) 测量前应估计被测电流的大小，选择合适的量程，不可用小量程档测大电流。在测量过程中不得切换量程档，以免高压伤人和损坏设备。钳形电流表是利用电流互感器的原理制成的，电流互感器二次侧不准开路。

(3) 每次测量只能钳入一根导线。测量时应将被测导线钳入钳口中央位置，以提高测量的准确度。

(4) 钳形电流表不能测量裸导体的电流。测量过程中，应佩戴安全手套，并注意保持对带电部分的安全距离，以免发生触电事故。

(5) 测量时应注意钳口夹紧，防止钳口不紧造成读数不准。

(6) 测量结束后应将功能开关设置为“OFF”。

3.6 维 护 保 养

(1) 注意妥善保管，避免长期暴露在阳光直射下、高温、潮湿或结露的环境。

(2) 定期检查、维护和校验，严禁使用不合格产品。

(3) 维修时不要带电操作，以防触电。

(4) 若长期不用，应取出电池后妥善保存，以防电池电解液渗漏而腐蚀内部电路。

3.7 应 用 实 例

3.7.1 低压电缆电流测量

某台区低压电缆电流测量如图 3-4 所示，操作步骤如下：

(1) 检查钳形电流表是否合格，且是否处在试验周期使用期内，检查铁芯闭合状态是否良好。

(2) 根据低压电缆电流大小选择合适档位。

(3) 握紧手柄，张开铁芯钳口，将低压电缆卡入钳口内。

(4) 读取电流值。

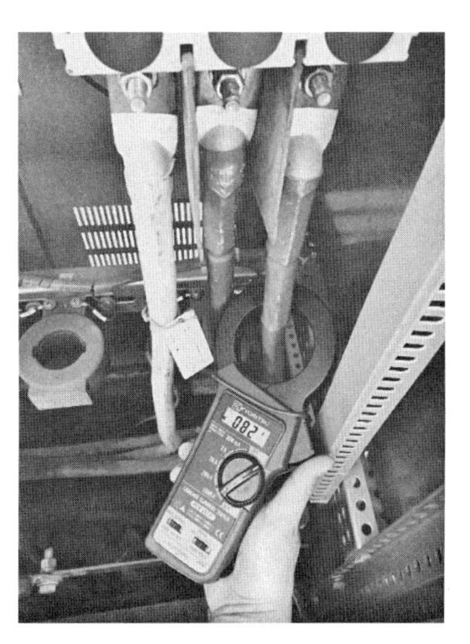

图 3-4 低压电缆电流测量

3.7.2 低压线路漏电排查

剩余电流动作保护器主要用来对危险的并且可能致命的电击提供防护，以及对持续接地故障电流引起的火灾危险提供防护，通过设定不同的剩余动作电流值保证具有足够的灵敏度来提供故障保护。

TT 系统的农村低压线路中，部分低压线路使用裸导线，供电半径较长、负荷分散，低压线路存在回路阻抗、接地阻抗大和短路容量小的问题，不易引起电源侧断路器动作，这就要求在电源侧安装剩余电流动作总保护器。当用户侧发生漏电并触发总保护器设定的额定剩余动作电流值时，总保护器会跳闸断电。此时要求低压线路运维人员必须排查出漏电位置，彻底解决低压线路的漏电问题。

引起总保护器跳闸的漏电电流都比较小，很少有大于2A的漏电电流，此时，不拆断电路就可测量电流的钳形电流表可以发挥最大作用。

台区低压线路漏电电流排查示意如图3-5所示。

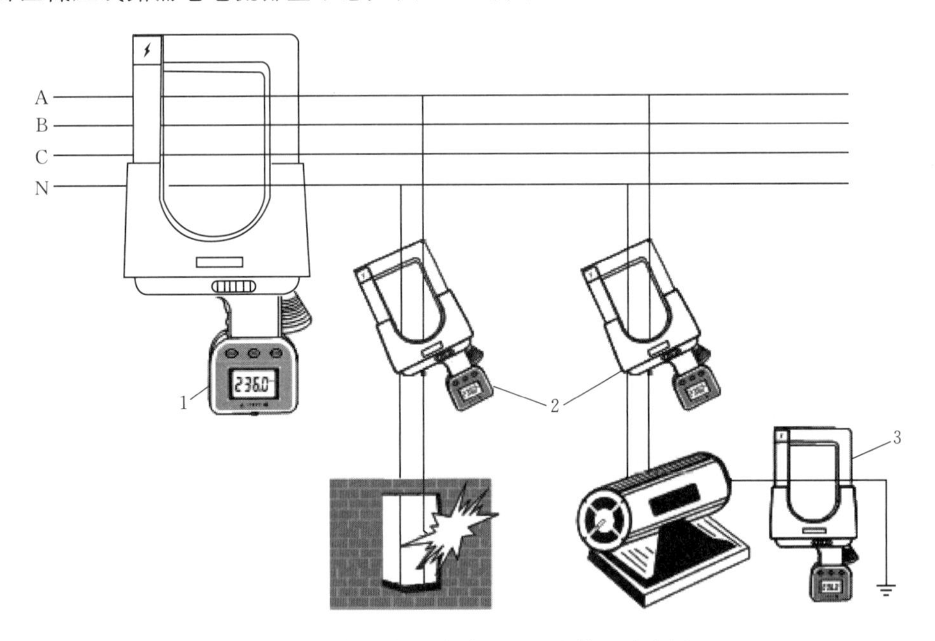

图3-5 台区低压线路漏电电流排查示意图

1—低压线路存在漏电时，应首先测量跳闸的低压主线漏电电流；2—逐个测量低压分支线路的漏电电流，找出漏电电流较大或接近主线路漏电电流的分支线路；3—逐级往下排查，确定最终漏电线路或设备

图3-6 低压电缆漏电电流夹测

实例：某台区有一路低压线，该线路上接有鱼塘养殖、钢钉加工厂和几个居民户。某日下午15时25分左右，该低压线路的总保护器频繁动作，低压线路运维人员前往现场排查漏电，最终查出为钢钉加工厂动力箱内的低压电缆一相外皮破损，直接接触到与大地相连的动力箱外壳，造成总保护器频繁动作。低电压电缆漏电电流夹测如图3-6所示。

3.7.3 配电变压器负荷实测

为掌握配电变压器的真实负荷情况，除利用智能公用配电变压器监测系统在线监测负荷外，在迎峰度夏等高峰用电时期，还应利用钳形电流表现场实测变压器负荷并计算三相负荷不平衡度（表3-1）。钳形电流表夹测配电变压器负荷如图3-7所示。

表 3-1　　　　　　　　　　配电变压器负荷实测记录表

管辖单位：

序号	名称	容量/kVA	额定电流/A	测试时间	气温/℃	最大负荷电流/A			不平衡度/%	实测各相电压/V			测试人员
						A相	B相	C相		A—O	B—O	C—O	
1	××配电变压器	160	231	×月×日×时	23	160	160	205	22.0	225	220	223	
2	××配电变压器	160	231	×月×日×时	23	125	130	135	7.4	224	226	228	

注　三相不平衡度＝（最大相负荷电流－最小相负荷电流）÷最大相负荷电流×100％

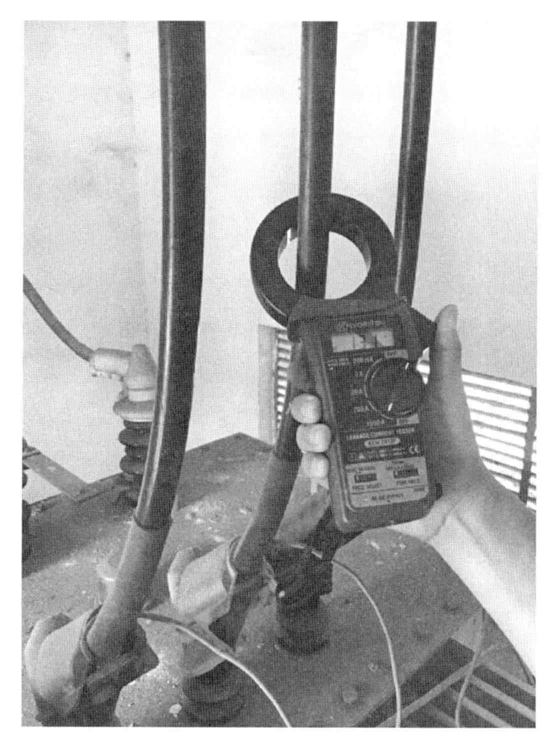

图 3-7　钳形电流表夹测配电变压器负荷

第4章　绝缘电阻测试仪使用

绝缘电阻测试仪（又称兆欧表或绝缘摇表）是测量电力线路、电气设备绝缘电阻和检查电气设备绝缘指标（吸收比、极化指数）的专用仪表，主要由直流高压发生器、测量回路和结果显示三部分组成。绝缘电阻是指在设备绝缘结构的两个电极之间施加的直流电压值与流经该电极的泄露电流值之比，一般为加压1min的测试值。通过电压与电流的关系计算出每个时间段的电阻，得出电阻与时间的关系曲线，通过吸收比、极化指数等绝缘指标分析判定出电气设备的绝缘受潮和裂化程度。

4.1　专　业　术　语

（1）泄露电流：正常运行状况下，在不期望的可导电路径内流过的电流。

（2）绝缘电阻：在设备绝缘结构的两个电极之间施加的直流电压值与流经该对电极的泄露电流值之比。若无特殊说明，均指加压1min的测试值。

（3）吸收比：在进行同一次绝缘电阻试验中，1min时的绝缘电阻值与15s时的绝缘电阻值之比。

（4）极化指数：在进行同一次绝缘电阻试验中，10min时的绝缘电阻值与1min时的绝缘电阻值之比。

4.2　分　　类

4.2.1　手摇式绝缘电阻测试仪

手摇式绝缘电阻测试仪（图4-1）一般是通过手摇发电机发电来获取绝缘电阻的测量电源，获取与被测电气设备绝缘电阻有函数关系的模拟量，直接或经过电路放大后，送入机械指针式测量机构，指示仪表的指针偏转角与该模拟量成正比，指针对应的度盘刻度即为绝缘电阻值。

4.2.2　数字式绝缘电阻测试仪

数字式绝缘电阻测试仪（图4-2）一般是由机内电池经DC/DC变换产生的直流高压电源，获取与被测电气设备绝缘电阻有函数关系的模拟量，该模拟量利用模-数转换原理转换为数字值，以数字形式显示绝缘电阻值。

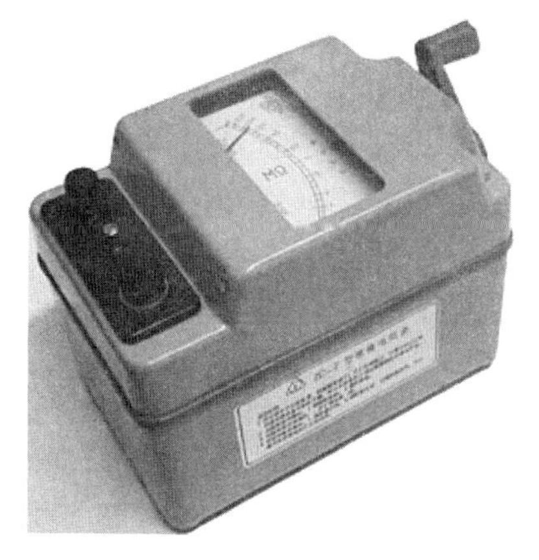

图 4-1　手摇式绝缘电阻测试仪

图 4-2　数字式绝缘电阻测试仪

4.3　结构和工作原理

一般绝缘电阻测试仪有三个接线端子，一个标有“L”或“线路”，接到被测电气设备的导电部位或电力线路上；一个标有“E”或“地”，接到被测电气设备的外壳或大地；一个标有“G”或“屏蔽”，接到需要屏蔽的被测电气设备专有屏蔽处，以消除表面泄露电流的影响。

4.3.1　手摇式绝缘电阻测试仪

手摇式绝缘电阻测试仪是由能产生较高电压的手摇发电机、磁电系流比计及适当的测量电路组成的。

因为测量大电阻需要较高的电压，所以测量电源的获取使用手摇发电机，其电压一般为500V、1000V、2500V，最高可达5000V，量程上限达2500MΩ。由于发电机是手摇的，电压不稳定，所以测量机构采用流比计结构，以避免电压不稳定的影响。

手摇式绝缘电阻测试仪的工作原理如图 4-3 所示。在测试仪内部，与表针相连的

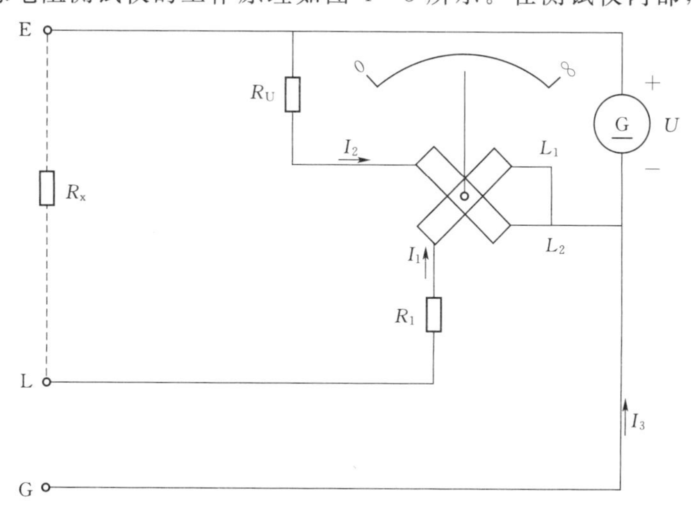

图 4-3　手摇式绝缘电阻测试仪表工作原理图

有两个线圈，一个同表内的附加电阻 R_1 串联；另一个和被测设备电阻 R_x 串联，然后一起接到手摇发电机上。当摇动发电机时，两个线圈中同时有电流通过，在两个线圈上产生方向相反的转矩，表针就随着两个转矩的合成转矩的大小而偏转某一角度，这个偏转角度取决于两个电流的比值，由于附加电阻是不变的，所以电流值仅取决于待测电阻的大小。

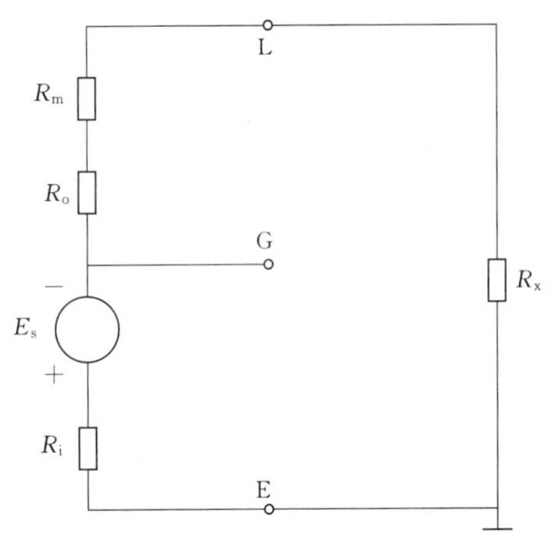

图 4-4　数字式绝缘电阻测试仪表工作原理图

4.3.2　数字式绝缘电阻测试仪

数字式绝缘电阻测试仪主要是由电池及集成电路组成，面板操作，LCD 显示，测试电压在 5000V 以上，可达 10000V，甚至 15000V，量程可以自动转换，测量上限达到 100TΩ 以上，有自放电回路，抗反击能力强。

数字式绝缘电阻测试仪的工作原理如图 4-4 所示，采用电流电压法的测量原理。该原理接线是在一个直流测试电源上串联被测电气设备和标准采样电阻，通过 L 和 E 端子组成单支路闭合回路，用以测量被测电气设备在试验电压 E_s 下呈现的电流，从而计算出被测电气设备的绝缘电阻值。

由图 4-3、图 4-4 可见，E 端（接地端）为测试仪电源正高压输出端，L 端（线路端）为测试仪电源负高压输出端，G 端（屏蔽端）电位接近于负高压，在 G 端与 L 端之间接串联测量采样组件。

4.4　仪器的选择

根据被测电气设备的额定电压确定需选用绝缘电阻测试仪的最高电压和量程范围。对于额定电压 500V 以下的电气设备或电力线路，选用 500～1000V 的绝缘电阻测试仪；对于额定电压 500V 以上的电气设备或电力线路，选用 1000～2500V 或更高电压的绝缘电阻测试仪。在选择绝缘电阻测试仪的量程时，不要使测量范围过多地超出被测设备绝缘电阻的数值，避免产生较大误差。通常，测量低压电气设备的绝缘电阻时，选用 0～500MΩ 的绝缘电阻测试仪；测量高压电气设备或电力线路的绝缘电阻时，选用 0～2500MΩ 的绝缘电阻测试仪。

4.5　使用方法和注意事项

4.5.1　手摇式绝缘电阻测试仪的操作步骤

1. 准备工作

(1) 根据被测电气设备或电力线路的额定电压选择绝缘电阻测试仪。

（2）做好测量前的相关安全措施工作。

（3）记录电气设备或电力线路的名称、参数、天气状况等相关数据。

（4）测量前要先检查测试仪是否良好。检查的方法是：将手摇式绝缘电阻测试仪的接线端钮（即L、E端）开路，摇动手柄达到额定转速（约120r/min），观察指针是否指在"∞"位置，然后将接线端钮短接，缓慢摇动手柄，观察指针是否指在"0"位置。如果指针不能指在"∞"或"0"位置，表明测试仪有故障，则必须检查修理后才能使用。

2. 测量过程

（1）切断被测电气设备或电力线路的电源，并进行充分放电，以保证设备和人身安全。

（2）用干燥清洁的软布擦去被测电气设备的表面污垢，必要时可用汽油擦拭，以消除表面泄露电流的影响。

（3）连接好相关接线。

（4）平稳放置绝缘电阻测试仪，测量时，摇动发电机手柄，速度应由慢渐快，达到额定转速（约120r/min），将L端引出线接至被测电气设备或电力线路，经1min指针基本稳定后，读取绝缘电阻值。

（5）测试完毕后，先断开接至被测电气设备或电力线路的L端引出线，再停止摇动手柄。

（6）将被测电气设备或电力线路充分放电，以免触电。

（7）拆除所有连线，清理现场。

4.5.2 数字式绝缘电阻测试仪的操作步骤

1. 准备工作

（1）根据被测电气设备或电力线路的额定电压选择绝缘电阻测试仪，准备好测试接线等。

（2）做好测量前的相关安全措施工作。

（3）记录电气设备或电力线路的名称、参数、天气状况等相关数据。

2. 测量过程

（1）切断被测电气设备或电力线路的电源，并进行充分放电，以保证设备和人身安全。

（2）用干燥清洁的软布擦去被测电气设备的表面污垢，必要时可用汽油擦拭，以消除表面泄露电流的影响。

（3）用专用测试线连接仪器与被测电气设备或电力线路。

（4）选择合适的测试电压和测试电流，测量被测电气设备或电力线路的绝缘电阻。

（5）记录试验数据。

（6）测试结束，断开电源。

（7）将被测电气设备或电力线路充分放电，以免触电。

（8）拆除所有连线，清理现场。

4.5.3 现场测量注意事项

（1）在环境湿度大于80%或被测电气设备表面污秽时，测量必须加屏蔽。

(2) 绝缘电阻测试仪接线端与被测电气设备之间的连接导线应采用绝缘良好的单股线或多股线，分开单独连接。不能使用双股绝缘绞线，以免因绞线绝缘不良而引起测量误差。测量时，连接线不得搁置在被测电气设备外壳或与其他设备触碰。

(3) 测量绝缘电阻前，必须将被测电气设备断开电源及一切对外连线，充分放电。

(4) 手摇式绝缘电阻测试仪短接检查时，摇动手柄必须缓慢，以免因电流过大而烧坏线圈。

(5) 使用手摇式绝缘电阻测试仪测量绝缘电阻时，应先开电源将电压升至额定值后，再将测试线与试品相连；测试结束后，应先将测试线脱离试品，再将电源关闭。

(6) 使用手摇式绝缘电阻测试仪测量绝缘电阻时，摇动发电机手柄速度需保持恒定或在规定的允许偏差范围内，不要忽快忽慢。

(7) 使用手摇式绝缘电阻测试仪测量绝缘电阻时，如发现指针指零，说明被测绝缘物有短接现象，就不能再继续摇动，以防仪表内线圈因过热而损坏。

(8) 使用数字式绝缘电阻测试仪测量时，应先将测试线与被测电气设备或电力线路相连接，再开电源将电压升至额定值进行测量；结束时先将电源关闭，再将测试线脱离被测电气设备或电力线路。

(9) 在强干扰的试验场地，要先对被测电气设备或电力线路高压侧挂临时接地线，然后接仪器测试线，开始测量时再取下临时接地线。测试结束关闭测试电源后，先挂临时接地线，再拆除仪器测试线。

(10) 在测量中禁止他人接近设备。

(11) 不允许带电测量绝缘电阻。

(12) 雷电时，严禁测量线路绝缘电阻。

(13) 试验间断和结束时，必须先对被测电气设备或电力线路放电接地后才能拆除高压引线，并经多次放电后接地，再改线或拆线。

4.5.4 影响绝缘电阻测量的因素

(1) 湿度。当空气湿度过大时，试品表面泄露电流增大，水汽侵入绝缘介质，将使介质的电导率增大，绝缘电阻降低。

(2) 温度。吸湿性强的绝缘介质，其绝缘电阻对温度相当敏感，绝缘电阻的温度系数随绝缘体的种类以及绝缘结构的差异而不同。温度升高时，电介质内部离子的运动加速，绝缘介质中的极化加剧，电导增加，水分子使电介质电导增大，水分中溶解的杂质和盐类及酸性物质也会使电导增加，从而降低绝缘电阻。

(3) 表面脏污。被测电气设备表面脏污、油渍、盐雾等会使其表面泄漏电流增大，表面绝缘下降，形成旁路，导致绝缘电阻下降。

(4) 剩余电荷。容性电气设备上存在剩余电荷或残存初始极化时，会在测量中出现明显被歪曲的测试数据。因容性电气设备电容放电电流与充电电流规律相近，每次测量结束，通过短路或放电电阻放电，电气设备的电容电流很快衰减，如果放电时间短，极化现象未完全消退，介质极化吸收的电荷会逐步移动到介质表面，导致电气设备在测量端钮呈现电压重新抬升。当再次测量时，由于剩余电荷未放尽，电气设备的电容充电电流和吸收电流都将小于前次测量值，导致绝缘电阻增大。

(5) 感应电压。测量架空线路的绝缘电阻时，若该线路与另一带电线路有一段平行，则不能进行测量，以免工频感应电流流过绝缘电阻测试仪，使测量无法进行，也影响测量人员人身安全。

(6) 使用过程中的异常情况处理。

1) 发电机出口无电压或电压很低。检查绕组是否断线，重绕绕组；检查线路接头；检查电刷是否接触不良或磨损严重，调整接触或更换电刷。

2) 手柄打滑，无电压输出。检查偏心轮或调速器弹簧。

3) 手柄摇不动。拆开检查发电机、增速齿轮、轴承等，调整齿轮或加润滑剂。

4) 指针卡住或指不到位置。检查仪表内线圈、导丝、回路电阻等，修理线圈、更换导丝、更换电阻等。

5) 无法开机。产生原因：仪表内部蓄电池电量耗尽。应使用外接交流电对其进行充电，充电时并可同时测试接地电阻。

6) 电池缺电报警。电池急需充电，此时如不充电，仪器会自动关闭。

7) 黑屏。产生原因：液晶显示屏损坏或由于长时间暴晒在太阳光下。应返厂维修或将绝缘电阻测试仪放置阴凉处一段时间后再尝试开机。

4.6 维护保养

(1) 测试仪在运输和使用过程中，应小心轻放，避免因剧烈震动造成轴尖和宝石轴受损而影响测试仪精度。

(2) 测试仪应定期（一般不超过两年）进行检测。

(3) 测试仪以存放在干燥、通风的地方为宜，注意环境温度和湿度，要防潮、防尘、防爆、防酸碱及腐蚀气体。

(4) 数字绝缘电阻测试仪仪表长期不用时，应定期对可充电电池组进行充电维护。

4.7 应用实例

4.7.1 配电变压器绝缘电阻测量

测量项目及顺序、油浸式电力变压器绝缘电阻的最低允许值见表 4-1 和表 4-2。

表 4-1 测量项目及顺序

序号	测量绕组	接地部位
1	低压	高压绕组和外壳
2	高压	低压绕组和外壳

表 4.2　　油浸式电力变压器绝缘电阻的最低允许值　　单位：MΩ

高压绕组电压等级/kV	温度/℃								
	5	10	20	30	40	50	60	70	80
3～10	675	450	300	200	130	90	60	40	25

配电变压器绝缘电阻测量接线如图 4-5 所示。

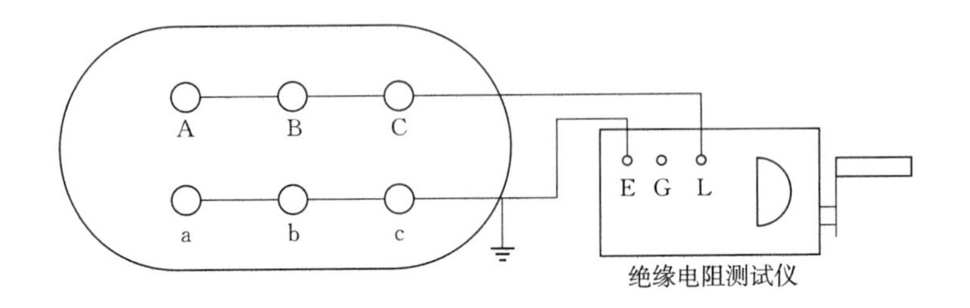

图 4-5　配电变压器绝缘电阻测试接线图

1. 准备工作

（1）测量仪器一般选用 2500V/2500MΩ 的绝缘电阻测试仪。

（2）检查绝缘电阻测试仪是否合格，且处在周期试验使用期内。

2. 测量过程

（1）切断配电变压器电源，并进行充分放电。

（2）拆开引线前做好接线记号。拆除配电变压器高、低压侧引线，拆除引线过程做好保持套管螺栓稳定的措施。

（3）配电变压器绝缘套管清理干净。

（4）测量低压对高压及地的绝缘电阻，完毕后，对低压桩头进行充分放电。

（5）测量高压对低压及地的绝缘电阻，完毕后，对高压桩头进行充分放电。

（6）恢复配电变压器接线。核对记号，恢复接线，对接头表面进行清理，涂抹导电膏，紧固螺栓。

（7）拆除所有接线，清理现场。

4.7.2　电力电缆绝缘电阻测量

测量要求及绝缘电阻测试仪选择见表 4-3，测量电缆芯线绝缘电阻见表 4-4。

表 4-3　　测量要求及绝缘电阻测试仪选择

序号	要求	选择
1	绝缘电阻与上次相比不应有显著下降，否则应做进一步分析	0.6/1kV 电缆，选用 1000V 绝缘电阻测试仪；0.6/1kV 至 6/6kV 间电缆，选用 2500V 绝缘电阻测试仪；6/6kV 及以上电缆，选用 5000V 绝缘电阻测试仪；橡塑电缆外护套、内衬层，选用 500V 绝缘电阻测试仪
2	耐压前后，绝缘电阻应无明显变化	

表 4-4　　测量电缆芯线绝缘电阻

测量部位	短路接地部位
U	VW
V	UW
W	UV

测量三相电缆芯线对地及相间绝缘电阻，电力电缆电阻测试接线如图 4-6 所示。

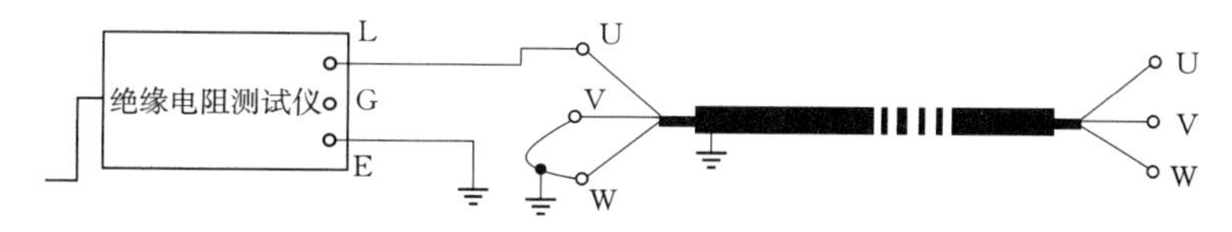

图 4-6　电力电缆绝缘电阻测试接线图

1. 准备工作

(1) 根据电缆电压等级选用相适应的绝缘电阻测试仪。

(2) 检查绝缘电阻测试仪是否合格，且处在周期试验使用期内。

2. 测量过程

(1) 切断电缆的电源，拉开接地开关，对电缆进行充分放电。

(2) 用干燥清洁的软布擦去电缆头表面的污垢。

(3) 按图 4-6 进行接线，对侧三相全部悬空，绝缘电阻测试仪 L 端与被测相电缆连接，E 端接地，G 端与电缆中间的屏蔽层连接。

(4) 测量该相电缆的绝缘电阻，完毕后，对该相电缆进行充分放电。

(5) 按表 4-4 所列测量部位依次测量其他相电缆的绝缘电阻值。

(6) 拆除所有接线，清理现场。

4.7.3　配电高、低压避雷器绝缘电阻测量

测量配电高压避雷器使用 2500V 绝缘电阻测试仪，测量配电低压避雷器使用 500V 绝缘电阻测试仪。一般要求 35kV 及以下金属氧化物避雷器，其绝缘电阻应不低于 1000MΩ。避雷器绝缘电阻测试接线如图 4-7 所示。

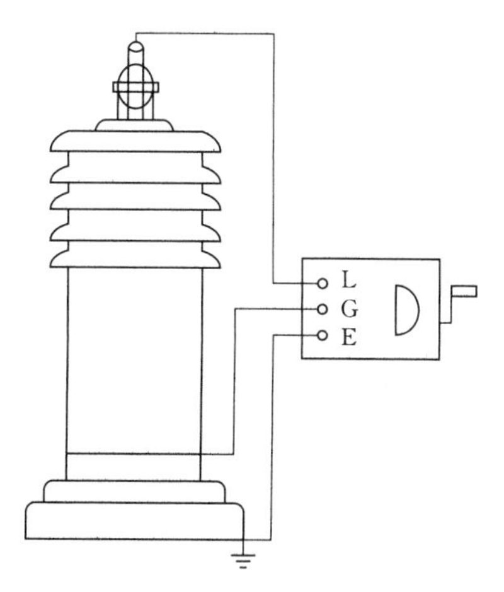

图 4-7　避雷器绝缘电阻测试接线图

1. 准备工作

(1) 根据所测高、低压避雷器选用相适应的绝缘电阻测试仪。

(2) 检查绝缘电阻测试仪是否合格，且处在周期试验使用期内。

2. 测量过程

(1) 将避雷器上、下接点引线断开，对避雷器进

行充分放电。

（2）用干燥清洁的软布擦去避雷器上、下接点的表面污垢。

（3）按图4-7进行接线，绝缘电阻测试仪L端与被测避雷器上端连接，E端与被测避雷器下端连接。

（4）测量避雷器的绝缘电阻，完毕后，对避雷器进行充分放电。

（5）拆除所有接线，清理现场。

3. 原因分析

绝缘电阻显著增高或下降的原因为：显著增高一般是由于弹簧不禁或内部元件分离等原因造成；显著下降一般是密封受到破坏致使受潮或火花间隙短路造成的。

4.7.4 绝缘子绝缘电阻测量

测量10kV线路绝缘子的绝缘电阻采用2500V的绝缘电阻测试仪。一般要求绝缘电阻不应低于300MΩ。

1. 准备工作

检查绝缘电阻测试仪是否合格，且处在周期试验使用期内。

2. 测量过程

（1）用干燥清洁的软布擦去被测绝缘子的表面污垢。

（2）进行接线，绝缘电阻测试仪L端与被测绝缘子的金属部位连接，E端与被测绝缘子的瓷质或玻璃质部位连接。

（3）测量绝缘子的绝缘电阻。

（4）拆除所有接线，清理现场。

4.7.5 开关绝缘电阻测量

测试10kV及以上的断路器整体、断口及绝缘提升杆的绝缘电阻，采用2500V/10000MΩ或5000V/10000MΩ及以上的绝缘电阻测试仪。整体绝缘电阻值一般参照制造厂家规定。

1. 准备工作

（1）测量仪器一般选用2500V/10000MΩ的绝缘电阻测试仪。

（2）检查绝缘电阻测试仪是否合格，且处在周期试验使用期内。

2. 测量过程

（1）切断开关电源，并进行充分放电。

（2）用干燥清洁的软布擦去被测开关断口的表面污垢。

（3）绝缘电阻测试仪L端与被测相连接，E端接地，G端与开关外壳连接。

（4）测量绝缘电阻，完毕后，对开关进行充分放电。

（5）拆除所有接线，清理现场。

4.7.6 新建10kV架空配电线路绝缘电阻测量

仪器选择：①10kV架空配电线路使用2500V绝缘电阻测试仪测量，要求绝缘电阻值不低于 1000MΩ；②1kV 及以下低压配电设备及架空配电线路使用 500V 绝缘电阻测试仪测量，要求绝缘电阻值不低于 0.5MΩ。架空配电线路绝缘电阻测试接线如图 4－8 所示。

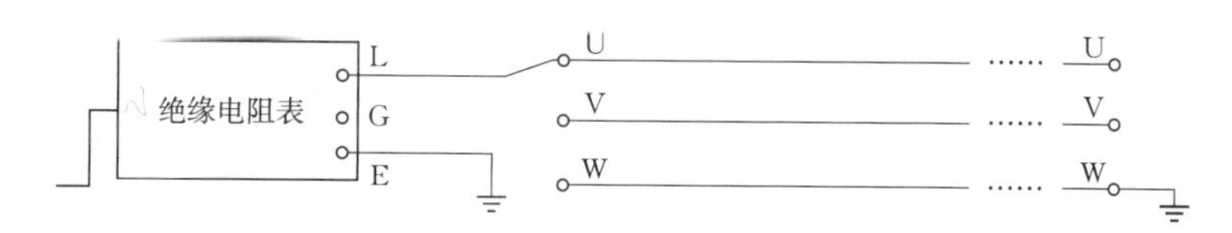

图 4－8　架空配电线路绝缘电阻测试接线图

1. 准备工作

（1）测量仪器一般选用 2500V 的绝缘电阻测试仪。

（2）检查绝缘电阻测试仪是否合格，且处在周期试验使用期内。

2. 测量过程

（1）将断路器或负荷开关、隔离开关断开，并进行充分放电。

（2）按图 4－8 进行接线，绝缘电阻测试仪 L 端与被测相导线连接，E 端接地。

（3）测量绝缘电阻，完毕后，对架空线路进行充分放电。

（4）依次测量其他相线的绝缘电阻。

（5）拆除所有接线，清理现场。

4.7.7　10kV 架空配电线路接地故障排查

如果某相导线或其分支相发生了接地故障，其绝缘电阻值基本接近于 0，通过测量绝缘电阻值，排查缩减故障范围，具体方法如下：

（1）一般都是雷雨季等天气状况较差时发生接地故障，现场湿度较大，非故障相的绝缘电阻值较低，且 2500V 的绝缘电阻测试仪的度盘刻度较大，较小的绝缘电阻不容易显示，因此，一般选用 1000V 或 500V 的绝缘电阻测试仪进行测量。

（2）架空配电线路接地后，需进行故障排除，咨询调度控制中心是金属性接地还是非金属性接地，具体哪相有接地信号，对该相线路重点排查。

（3）拉开出线开关，故障线路处于冷备用状态。

（4）拉开分段开关和线路较长的分支线路。

（5）在分段开关的两侧进行绝缘电阻测量，测量过程同 4.7.6，绝缘电阻值为 0 的是故障相。

（6）如故障点在分段开关后侧或分支线路上，做好隔离措施后，恢复前段主线的供电。

（7）按照先主线后分支线的原则进行排查。

4.7.8　电力电缆核相

将需确定相位的电缆一端与电缆金属内护套或屏蔽层连接或与地直接连接，在电缆的另一端用绝缘电阻测试仪测量绝缘电阻，绝缘电阻为 0 者即同相线。电力电缆核相接线如

图 4-9 所示。

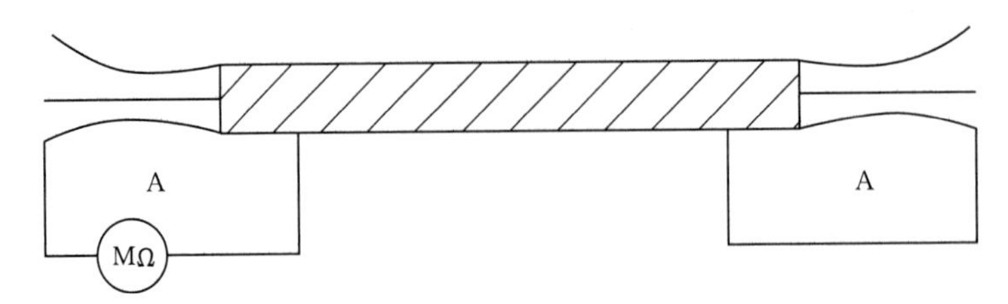

图 4-9　电力电缆核相接线图

因核相过程中测得的绝缘电阻值基本接近于 0，使用 500V 绝缘电阻测试仪即可。

第5章　接地电阻测试仪使用

接地电阻测试仪是测量埋入地下的接地体电阻和土壤电阻率的专用仪表。接地极或自然接地极的对地电阻和接地线电阻的总和，称为接地装置的接地电阻。接地电阻的数值等于接地装置对地电压与通过接地极流入地中电流的比值。按通过接地极流入地中工频交流电流求得的电阻，称为工频接地电阻。接地电阻的测量方法是在被测接地体一侧地上打入两根辅助测试桩，电源电流会流过被测接地体和较远辅助测试桩，在被测接地体和较近辅助测试桩之间产生一个电压，从而计算出接地电阻。

5.1　专　业　术　语

（1）接地极：埋入土壤或特定的导电介质（如混凝土或焦炭）中，与大地有电接触的可导电部分。

（2）接地网：接地装置的组成部分，仅包括接地极及其相互连接部分。

（3）接地电阻：接地极或自然接地极的对地电阻和接地线电阻的总和，其数值等于接地装置对地电压与通过接地极流入地中电流的比值。

（4）土壤电阻率：有代表性的土壤样品的电阻率。

（5）三极法：由接地装置、电流极和电压极组成的三个电极测量接地装置接地电阻的方法。

（6）电流极：为给大地注入测量接地电阻所需的测试电流而临时布置入地中的导体。

（7）电压极：为测量接地电阻所选的参考零电位而临时布置入地中的导体。

（8）辅助接地电阻：测量接地电阻时，电压极或电流极和大地之间的电阻。

5.2　分　　类

5.2.1　手摇式接地电阻测试仪

手摇式接地电阻测试仪（图5－1）一般是通过手摇发电机发电来获取接地电阻测量电源，获取与被测接地体接地电阻有函数关系的模拟量，直接或经过电路放大后，送入机械指针式测量机构。指示仪表的指针偏转角与该模拟量成正比，指针对应的度盘刻度即为接地电阻值。

5.2.2　数字式接地电阻测试仪

数字式接地电阻测试仪（图5－2）一般是由机内电池经DC/AC变换为低频恒流电

源，获取与被测接地体接地电阻有函数关系的模拟量，该模拟量转换为数字量，利用模-数转换原理，以数字形式显示接地电阻值。

5.2.3 钳形接地电阻测试仪

钳形接地电阻测试仪（图 5－3）是一种用来测量闭合接地回路电阻的手持式仪表，适用于有架空地线、可以形成回路的架空线路杆塔的接地电阻测量。无需辅助测试桩即可测量接地电阻，亦无需切断设备电源或将接地体与负载隔离，实现在线测量。在单点接地系统干扰性强等条件下，双钳口测试仪也可以采用打辅助地极的测量方式消除干扰。

图 5－1 手摇式接地电阻测试仪

图 5－2 数字式接地电阻测试仪

图 5－3 钳形接地电阻测试仪

5.3 结构和工作原理

5.3.1 手摇式接地电阻测试仪

手摇式接地电阻测试仪一般由手摇发电机、电流互感器、滑线电阻、检流计及辅助探针、导线等附件组成。测试仪以端钮的数量不同分为四端钮和三端钮两种。四端钮测试仪将 P_2 和 C_2 短接后或分别接至被测接地体。三端钮测试仪的 P_2 和 C_2 已在内部短接，故只引出一个端钮 E，测量时直接将 E 接至被测接地体即可。端钮 P_1 和 C_1 分别接上电压辅助极和电流辅助极，辅助电极应按规定的距离和夹角插入地中，以构成电压和电流辅助电极。为扩大仪表的量程，测量仪电路中接有三组不同的分流电阻，对应可得到 0～1Ω、0～10Ω、0～100Ω 三个量程，用以测量不同大小的接地电阻值。

接地电阻工作原理如图 5－4 所示。仪器产生一个交变电流的恒流源。在测量接地电阻值时，恒流源从 E 端和 C 端向接地体和电流辅助极 C 送入交变恒流，该电流在被测体上产生相应的交变电压值，仪器在 E 端和电压辅助极 P 端检测该交变电压值，数据经处理后，显示被测接地体在所施加的交变电流下的电阻值。

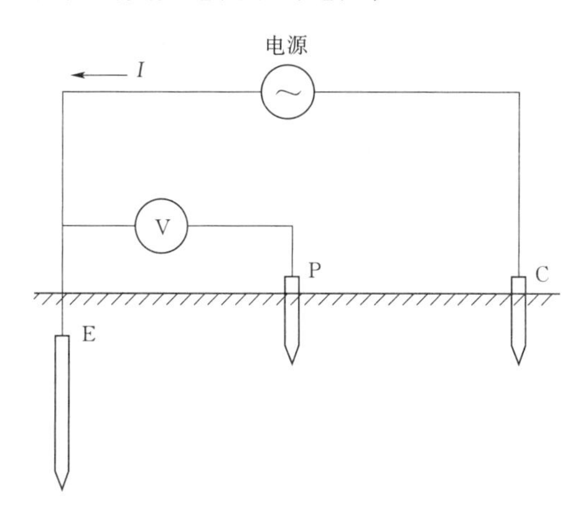

图 5-4　接地电阻测试仪原理图

接地电阻的测量一般都采用交流进行。因为土壤的导电主要依靠地下电解质，若采用直流会引起极化作用，造成测量结果不准确。

5.3.2　数字式接地电阻测试仪

数字式接地电阻测试仪是由电池、集成电路等组成，面板操作。测量时，自动调整合适的电压使测量电流达到设定值。测量电路根据试验电流自动选择并切换量程，电阻值显示在CCD显示器上。通常测量范围在0～100Ω，准确度为±1%。接地电阻的测量工作原理与手摇式接地电阻测试仪一样（图 5-4），只是电源是由测试仪内DC/AC变换器将直流变为交流的低频恒流。

5.3.3　钳形接地电阻测试仪

钳形接地电阻测试仪一般由钳形电压互感器、钳形电流互感器和电子测量等部分组成，利用电磁感应原理测量回路电阻（图 5-5）。钳口部分由电压线圈及电流线圈组成，电压线圈提供激励信号，并在被测回路上感应一个电势 E，在电势 E 的作用下将在被测回路产生电流 I，钳表对 E 及 I 进行测量，并通过公式可得到被测电阻 R。

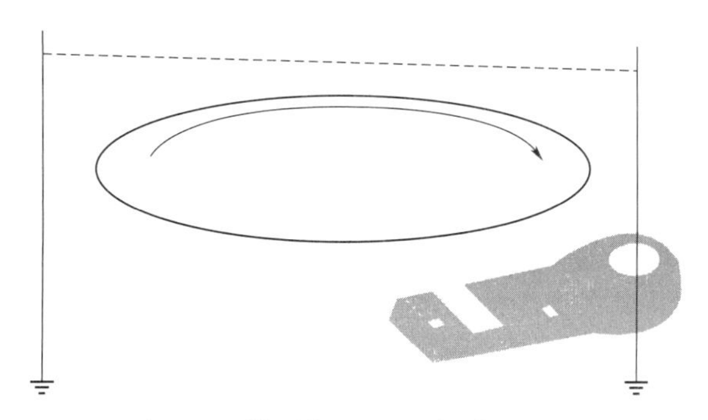

图 5-5　钳形接地电阻测试仪原理图

5.4 使用方法和注意事项

5.4.1 手摇式接地电阻测试仪的使用方法

1. 准备工作

(1) 做好测量前的相关安全措施工作。

(2) 记录电气设备或电力线路的名称、参数、天气状况等相关数据。

(3) 检查接地电阻测试仪是否合格，且处在周期试验使用期内。

(4) 测量前要先检查测试仪指针是否已归零。检查的方法是：将手摇式接地电阻测试仪水平放置，检查检流计的指针是否指在红线上，若指针不在红线上，调整零位调制器校正。

2. 测量过程

(1) 拆开接地线与接地体的所有连接点。

(2) 将两根辅助测试桩分别插入离接地体 20m 与 40m 的地下，均应垂直插入地面以下 400mm。

(3) 把接地电阻测试仪置于接地体近旁平整的地方，然后进行接线。

1) 用一根连接线连接表上 E 端和接地装置的接地体 E′。

2) 用一根连接线连接表上 C 端和离接地体 40m 远的辅助测试桩 C′。

3) 用一根连接线连接表上 P 端和离接地体 20m 远的辅助测试桩 P′。

(4) 根据被测接地体的接地电阻要求，调节好粗调旋钮（测试仪上有 3 档可调范围）。

(5) 以约 120r/min 的速度均匀摇动发电机手柄。当表针偏转时，边摇动手柄边调节微调旋钮，直至表针居中并稳定为止。以微调旋钮调定后的读数乘以粗调定位倍数，即为被测接地体的接地电阻。

(6) 为了保证所测接地电阻值的可靠，应改变方位重新进行复测。取几次测得值的平均值作为接地体的接地电阻。

(7) 测试完毕后，拆除所有连线，恢复接地体的连接，清理现场。

5.4.2 数字式接地电阻测试仪的使用方法

1. 准备工作

(1) 做好测量前的相关安全措施工作。

(2) 记录电气设备或电力线路的名称、参数、天气状况等相关数据。

(3) 检查接地电阻测试仪是否合格，且处在周期试验使用期内。

(4) 备齐测量时所必需的工具及全部仪器附件，并将仪器和接地探针擦拭干净，特别是辅助测试桩，一定要将其表面影响导电能力的污垢及锈渍清理干净。

2. 测量过程

(1) 拆开接地线与接地体的所有连接点。

(2) 将两根辅助测试桩分别插入离接地体 20m 与 40m 的地下，均应垂直插入地面以下 400mm。

（3）把接地电阻测试仪置于接地体近旁平整的地方，然后进行接线。

1）用一根连接线连接表上 E 端和接地装置的接地体 E′。

2）用一根连接线连接表上 C 端和离接地体 40m 远的辅助测试桩 C′。

3）用一根连接线连接表上 P 端和离接地体 20m 远的辅助测试桩 P′。

（4）将测试仪水平放置后，开启测试仪电源开关“ON”，选择合适档位，轻按一下按键，该挡指示灯亮，LCD 显示的数值即为测得的接地电阻。

（5）为了保证所测接地电阻值的可靠，应改变方位重新进行复测。取几次测得值的平均值作为接地体的接地电阻。

（6）测试完毕后，拆除所有连线，恢复接地体的连接，清理现场。

5.4.3 钳形接地电阻测试仪的使用方法

1. 准备工作

（1）做好测量前的相关安全措施工作。

（2）记录电气设备或电力线路的名称、参数、天气状况等相关数据。

（3）检查接地电阻测试仪是否合格，且处在周期试验使用期内。

（4）开机前，扣压扳机一两次，确保钳口闭合良好。

2. 测量过程

（1）按“POWER”键，进入开机状态，首先自动测试 CCD 显示器，其符号全部显示。然后开始自检，自检过程中依次显示“CAL6，AL5，CAL4”“CALO，OW”。当“OL”出现后，自检完成，自动进入电阻测量模式。

（2）扣压扳机，打开钳口，钳住待测回路，读取电阻值。

（3）若认为有必要，用随机的测试环检验一下，其显示值应该与测试环上的标称值一致。

5.4.4 现场使用注意事项

（1）被测接地电阻小于 1Ω 时，宜选用四端钮接地电阻测试仪，以消除接线电阻和接触电阻的影响。

（2）接地体必须与被保护电气设备断开，以保证测量结果的准确性。

（3）不准带电测量接地电阻。

（4）手摇式接地电阻测试仪不准开路摇动手柄，否则会损坏测试仪。

（5）被测接地体附近不能有杂散电流和已极化的土壤。

（6）接地电阻的测量应在干燥天气下进行，避免雨后或土壤吸收水分太多的时候测量接地电阻。

（7）测试辅助桩应远离地下水管、电缆、铁路等较大金属体，其中电流极应远离 10m 以上，电压极应远离 50m 以上，如上述金属体与接地网没有连接，可缩短距离 1/3～1/2。

（8）连接线应使用绝缘良好的导线，以免有漏电现象。

（9）注意电流极插入土壤的位置，应使接地棒处于零电位的状态。

（10）使用手摇式接地电阻测试仪测量时，当大地干扰信号较强时，可适当加快手摇发电机的转速，提高抗干扰能力。

（11）钳形接地电阻测试仪自检过程中，不要扣压扳机，不能张开钳口，不能钳任何导线。

（12）钳形接地电阻测试仪测量过程中，应保持钳表的自然静止状态，不能翻转钳表，不能对钳口施加外力，否则不能保证测量的准确度。

（13）钳形接地电阻测试仪测量过程中，应注意保持钳口清洁，防止夹入杂草、泥土等影响测量精度。

5.4.5 影响接地电阻测量的因素

（1）接地网周边土壤构成不一致，紧密、干湿程度不一样，具有分散性，地表面有杂散电流，特别是架空地线、地下水管、电缆外皮等对测试影响特别大。解决的方法：取不同的点进行测量，取平均值。

（2）测试线方向不对，距离不够长。解决的方法：找准测试方向和距离。

（3）辅助接地极电阻过大。解决的方法：在测试桩处泼水降低电流极的接地电阻。

（4）干扰影响。解决的方法：调整放线方向，尽量避开干扰大的方向，使仪表读数减少跳动。

（5）土壤含水量过多。解决的方法：在土壤干燥、土壤电阻率较高的季节进行测量。

5.4.6 使用过程中的异常情况处理

（1）发电机出口无电压或电压很低。检查绕组是否断线，重绕绕组；检查线路接头；检查电刷是否接触不良或磨损严重，调整接触或更换电刷。

（2）手柄打滑，无电压输出。检查偏心轮或调速器弹簧。

（3）手柄摇不动。拆开检查发电机、增速齿轮、轴承等，调整齿轮或加润滑剂。

（4）指针卡住或指不到位置。检查内线圈、导丝、回路电阻等，修理线圈、更换导丝、更换电阻等。

（5）无法开机。产生原因：仪器内部蓄电池电量耗尽。应使用外接交流电对其进行充电，充电时可同时测试接地电阻。

（6）电池缺电报警。电池急需充电，此时如不充电，仪器会自动关闭。

（7）黑屏。产生原因：液晶显示屏损坏或由于太阳光长时间暴晒。应返厂维修或将接地电阻测试仪放置阴凉处一段时间后再尝试开机。

5.5 维护保养

（1）仪表在运输和使用过程中，应小心轻放，避免强烈震动。

（2）仪表应定期（一般不超过两年）进行检测。

（3）测试仪以存放在干燥、通风的地方为宜，注意环境温度和湿度，要防潮、防尘、防爆、防酸碱及腐蚀气体。

(4) 数字接地电阻测试仪长期不用时，应定期对可充电电池组进行充电维护。

5.6 应 用 实 例

5.6.1 配电变压器接地电阻测量

1. 准备工作

(1) 核查接地电阻仪是否处在周期试验使用期内。

(2) 水平放置接地电阻测试仪。

2. 测量过程

(1) 断开接地网与配电变压器的连接。

(2) 确认接地电阻测试仪 C_2、P_2端已短接。

(3) 清除被测接地体接线端子上的氧化物，确保连接紧密。

(4) 将两根辅助测试桩分别插入离接地体 20m 与 40m 的地下，均应垂直插入地面以下 400mm。

(5) 用连接线将接地电阻测试仪 C_1、P_1、C_2、P_2端与电流极、电压极接地棒进行可靠连接，接线正确。

(6) 根据接地装置敷设方向，电流极、电压极测试布线方向正确，连线与接地棒接触良好，电压极与电流极引线应保持 1m 以上的距离。

(7) 测量接地电阻值。

(8) 根据接地体敷设方向，在上次测试布线方向上旋转 90°或 180°，再次测量接地电阻，取两次平均值，得出接地电阻值。

(9) 恢复变压器与接地装置连接。

(10) 清理现场。

5.6.2 土壤电阻率测量

土壤电阻率测量接线示意如图 5-6 所示。

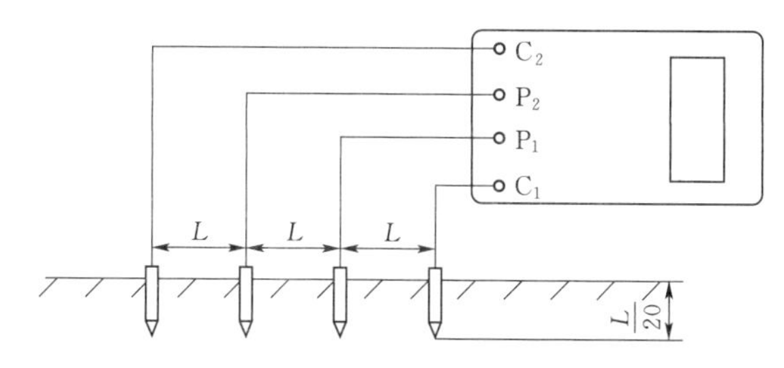

图 5-6 土壤电阻率测量接线示意图

测量时在被测的土壤中沿直线插入四根探针，并使各探针间距相等，各间距的距离为 L，要求探针入地深度为 $L/20$，用导线分别将 C_1、P_1、C_2、P_2端与 4 根探针相连接。测量方法与接地电阻的测量方法相同。

接地电阻测试仪测出电阻值为R，则土壤电阻率计算公式为

$$\Phi=2\pi RL \tag{5-1}$$

式中 Φ——土壤电阻率，Ω·cm；

R——测试仪的读数，Ω；

L——探针与探针之间的距离，cm。

5.6.3 带地线架空线路杆塔接地电阻测量

使用钳形接地电阻测试仪只能测量有架空地线的杆塔接地电阻，带地线的架空线路杆塔相互之间以地线相连接，每根杆塔通过自身或接地引下线与接地网接入大地。

测量时，待测杆塔只允许存在一条接地线与杆塔塔身相连，将其余各塔脚的接地线拆开后，用金属导线与测量脚的接地线连通（连通点在钳表之下），使被保留的接地线与断开的其他接地线并联。架空线路杆塔接地电阻测量示意如图 5-7 所示。

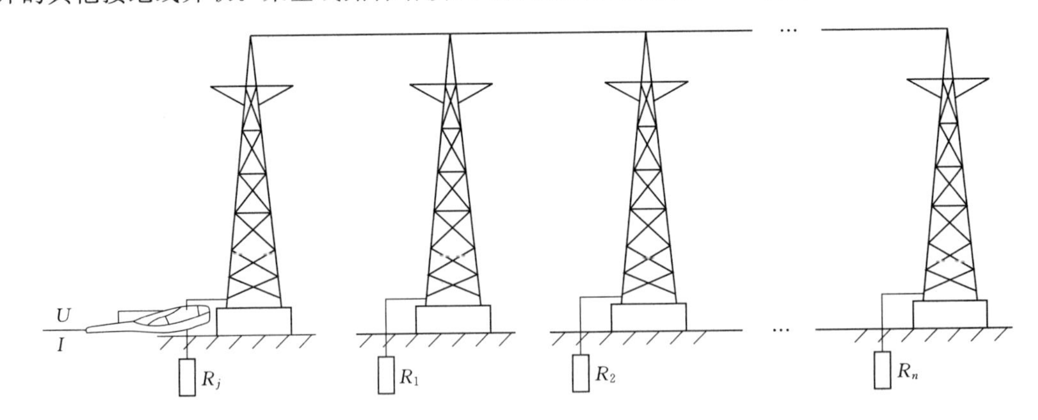

图 5-7 架空线路杆塔接地电阻测量示意图

R_j—被测杆塔的接地电阻；R_1、R_2、…、R_n—通过避雷线连接的各基杆塔的接地电阻；U—钳形接地电阻测试仪输出的激励电压；I—钳形接地电阻测试仪感应的回路电流

第6章 红外热像仪使用

红外检测是一种非接触式在线监测技术，它集光电成像、计算机、图像处理等技术于一体，通过接收物体发射的红外线，将其温度分布以图像的方式显示于屏幕，从而使检测者能够准确判断物体表面的温度分布状况。具有实时、准确、快速、灵敏度高等优点，备受国内外工业企业用户青睐。目前，在工业生产过程、产品质量控制和监测、设备的在线故障诊断和安全防护以及节约能源等方面，红外检测技术都发挥着非常重要的作用。它能检测出设备细微的热状态变化，准确反映设备内、外部的发热状况。对发现设备的早期缺陷及隐患非常有效。

6.1 专业术语

（1）温升：被测设备表面温度和环境温度参照体表面温度之差。

（2）温差：不同被测试设备或同一被测试设备不同部位之间的温度差。

（3）相对温差：两个对应测点之间的温差与其中较热点的温升之比的百分数。

（4）环境温度参照体：用来采集环境温度的物体。它不一定具有当时的真实环境温度，但具有与被检测设备相似的物理属性，并与被检测设备处于相似的环境之中。

（5）一般检测：该检测主要适用于红外热像仪对电气设备进行大面积监测。

（6）精确检测：该检测主要用于检测电压致热型和部分电流致热型设备的内部缺陷，以便对设备的故障进行精确判断。

（7）电压致热型设备：该设备由于电压效应引起发热。

（8）电流致热型设备：该设备由于电流效应引起发热。

（9）综合致热型设备：该设备既有电压效应，又有电流效应，或者电磁效应引起发热。

（10）准确度：在最大测温范围内，允许的最大温度误差，以绝对误差和误差百分数表示。

6.2 分类

目前在用的红外检测仪器主要包括制冷型和非制冷型焦平面热像仪、光扫描型红外热像仪、红外热电视、红外测温仪，其中普遍使用的是便携式和手持式非制冷型焦平面热像仪。

6.3 工作原理和参数

红外热像仪是通过红外光学系统、红外探测器及电子处理系统将物体表面红外辐射转换成可见图像的设备。它具有测温功能，具备定量绘出物体表面温度分布，将灰度图像进行伪彩色编码的特点。

红外热像技术引入到电力设备的故障诊断后，为电力设备状态维护提供了有力的技术支持。它能在不影响电力设备正常运行的情况下，准确有效地监测运行设备的温度状况，从而判断设备运行是否正常。它有着高效、快捷、准确、不受外界干扰正常运行等诸多优点。

红外热像仪的主要基本参数如下：

（1）空间分辨率。应用红外热像仪观测时，红外热像仪对目标空间形状的分辨能力。本行业中通常以毫弧度（mrad）的大小来表示。毫弧度的值越小，表明其分辨率越高。弧度值乘以半径约等于弦长，即目标的直径。

（2）距离系数。红外热像仪探头到目标之间的距离与被测目标直径之比。

（3）温度分辨率。可以简单定义为仪器或使观察者能从背景中精确地分辨出目标辐射的最小温度 ΔT。民用热成像产品通常使用噪声等效温差（NETD）来表述该性能指标。

（4）最小可分辨温差。温差分辨灵敏度和系统空间分辨率的参数，它是以观察者本身的主观认识评价的。

（5）帧频。帧频是热像仪每秒钟产生完整图像的画面数，单位为 Hz。一般电视帧频为 25Hz。根据热像仪的帧频可分为快扫描和慢扫描两大类。电力系统所用的设备一般采用快扫描热像仪（帧频 20Hz 以上），否则就会带来一些工作不便。

6.4 仪器的选择

电力设备运行状态在线红外监测与故障诊断中常用的基本仪器包括红外辐射测温仪、红外线扫描器、红外线热像仪、红外线热电视机辅助的计算机图像处理系统。通常，红外仪器的选择和配置，应根据单位的设备运行情况、管理模式、设备电压等级、管理范围、系统规模以及诊断检测要求等实际情况确定。一般大型电力用户或一般县、区供电部门可以根据需要选用手持式红外热像仪，红外热像仪如图 6-1 所示。

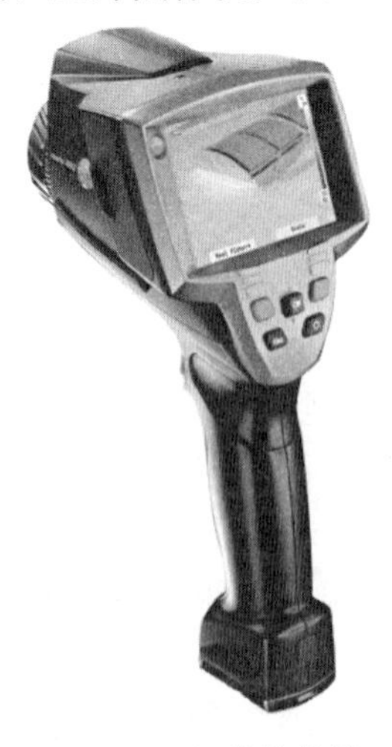

图 6-1　红外热像仪

6.5 检测影响因素

红外测温精度和可靠性与很多因素有关，如物体辐射率的影响、邻近物体热辐射的影响、距离系数的影响、大气吸收的影响、太阳光辐射的影响、风力的影响等。

1. 物体辐射率的影响

一切物体的辐射率都在大于 0、小于 1 的范围内，其值的大小与物体的材料、形状、表面粗糙度、氧化程度、颜色、厚度等有关。总体上来说，红外测温装置从物体上接收的辐射能量大小与该物体的辐射率成正比。红外测温仪一般都是用黑体（辐射率 $\varepsilon=1.00$）标定的，而实际上，一般被测物体的辐射率都小于 1.00。因此，在需要测量目标的真实温度时，需设置辐射率值，物体在不同的温度和不同的波长条件下有不同的辐射率值。这些因素是红外测温仪现场应用的主要测量误差来源，也是现场实际应用时的困难所在。

由于影响因素较多，因而提供的各类物体的辐射率也是参考值，而且限定在仪器规定的工作波长区域和测温范围内使用。

2. 邻近物体热辐射的影响

当邻近物体温度与被测物体的表面温度相差较多时，或被测物体本身的辐射率很低时，邻近物体的热辐射的反射将对被测物体的测量造成影响。由于反射等于一个负的辐射率，两种情况下都将有一个较大的反射辐射总量。被测物体温度越低，辐射率越小，来自邻近物体的辐射影响就越大。因此，需要进行校正，对长波段的仪器工作过程中受到邻近物体热辐射严重干扰时，应考虑设置屏蔽等措施消除干扰。

3. 距离系数的影响

被测目标物体的距离只有满足红外测温仪器光学目标的范围要求时，才能对物体进行准确的温度测量，目标物体的距离太远，仪器吸收到的辐射能减小，对温度不太高的设备接点检测十分不利。同时，仪器的距离系数不能满足远距离目标物体的检查要求时，在这种被测物体小于光学目标的条件下测温，一般都会产生较大的误差，当背景为天空时，还会出现负值温度。

4. 大气吸收的影响

红外辐射在大气中传播时会被大气中的气体吸收，辐射能量会被衰减。由于大气有多种气体成分组成，所以其辐射能量也被选择性吸收。通常，引起这种选择性吸收的是多原子极性气体分子，首先是水蒸气（H_2O）、二氧化碳（CO_2）、臭氧（O_3）。而大气中的其他气体分子，诸如甲烷（CH_4）、一氧化碳（CO）、氧化氮（N_2O）等只是当红外辐射远距离传输时才表现出稍强的吸收。另外，大气吸收随空气湿度而变化。被测物体的距离越远，大气透射对温度测量的影响就越大。

因此，在室外进行红外测温诊断时，应在无雨、无雾的清新空气环境条件下进行，空气湿度最好低于 75%，这样才能取得较好的检测效果，便于对设备热缺陷进行准确判断。

5. 太阳光辐射的影响

一方面，由于太阳光的反射和漫反射在红外线波长区域内，与红外测温仪器设定的波长区域接近，且它们的分布比例并不固定，极大地影响红外成像仪器的正常工作和准确判断；另一方面，太阳光的照射会使被测物体的温升叠加在被测设备的稳定温升上。

因此，红外测温时最好选择在天黑或没有阳光的阴天进行，这样红外检测的效果相对要好得多。

6. 风力的影响

在风力较大的条件下，存在发热缺陷的设备所产生的热量会由于风力加速散发，使裸露导体及接触体的散热条件得到改善，从而使热缺陷设备的温度下降。因此，在室外进行设备红外测温检查时，应在无风或风力很小的条件下进行。

6.6 检测方法和注意事项

1. 准备工作

(1) 了解检测现场条件，落实检测所需的配合工作。

(2) 组织作业人员学习作业指导书，使全体作业人员熟悉作业内容、作业标准和安全注意事项。

(3) 了解被检测设备的结构特点、工作原理、运行状况和导致设备故障的基本因素。

(4) 准备检测用仪器，确保所用仪器状态良好，有校验要求的仪器应在校验周期内。

(5) 检查测试仪器电池电量是否足够，能否满足测试所需。

2. 注意事项

(1) 应选择在阴天或夜间进行测量，应尽量避开视线中的封闭遮挡物，如门和盖板等。户外晴天检测时要避免阳光直接照射或反射进入仪器镜头。在室内或晚上检测时，要避开灯光直射，在安全允许的条件下宜闭灯检测。

(2) 检测目标及环境的温度不宜低于5℃，如果必须在低温下进行检测，应注意仪器自身的工作温度要求，同时还应考虑水汽结冰使某些设备进水受潮的缺陷漏检。

(3) 空气湿度不宜大于85%，不应在有雷、雨、雾、雪及风速超过0.5m/s的环境下进行检测。若检测中风速发生明显变化，应记录风速，必要时修正测量数据。

(4) 针对不同的检测对象选择不同的环境温度参照体。

(5) 测量设备发热点、正常相对应点及环境温度参照体的温度值时，应使用同一仪器相继测量。检测时应从不同方位进行检测，测出最热点的温度值，并记录异常设备的实际负荷电流和发热相、正常相及环境温度参照体的温度。

(6) 检测电流致热型设备最好在高峰负荷下进行。否则一般应在不低于30%的额定负荷下进行，同时应充分考虑小负荷电流对测试结果的影响。

(7) 避开强电磁场，防止强电磁场影响红外热像仪的正常工作。

3. 检测方法

(1) 一般检测。

1) 红外热像仪在开机后，需按仪器的说明书进行内部温度校准，在图像稳定后即可开始。

2) 设置保存目录、被检测电气设备的辐射率（一般可取0.9）、热像系统的初始温度量程。

3）有伪彩色显示功能的热像系统宜选择彩色显示方式，并结合数值测温手段，如高温跟踪、区域温度跟踪等进行检测。应充分利用红外设备的有关功能达到最佳检测效果，如图像平均、自动跟踪。环境温度发生较大变化时，应对仪器重新进行内部温度校准。

4）一般先远距离对所有被测设备进行全面扫描，发现异常后，再有针对性地近距离对异常部位和重点被测设备进行准确检测。

（2）精确检测。

1）精确检测时，设置检测温升所用的环境温度参照体应尽可能选择与被测设备类似的物体，且最好能在同一方向或同一视场中选择。

2）正确选择被测物体的辐射率（数值选取可参考：瓷套类选 0.92，带漆部位金属类选 0.94，金属导线及金属连接选 0.9）。

3）设置大气条件的修正模型，可将大气温度、相对湿度、测量距离等补偿参数输入进行修正，并选择适当的测温范围。

4）在保证安全距离的条件下，红外仪器宜尽量靠近被检设备，使被检设备充满整个视场。以提高红外仪器对被检设备表面细节的分辨能力及测温精度，必要时，可使用中长焦距镜头（线路检测一般需使用中长焦距镜头）。

5）精确测量跟踪应事先设定几个不同的角度，确定可进行检测的最佳位置，并做上标记，以后的复测仍在该位置，有互比性，提高作业效率。

6）保存红外测试图，对测试图进行编号记录或语音录音，检测记录格式见表 6－1，并记录异常设备的实际负荷电流和发热相、正常相及环境温度参照体的温度值。

4. 检测结束

（1）检测负责人确认检测项目是否齐全。

（2）检测负责人检查实测值是否准确。

（3）清理检测现场，检测人员撤离。

（4）试验负责人负责向现场负责人（总工作票）汇报试验情况及结果。

表 6－1　　电气设备红外测温检测记录

设备单位：　　　　天气：　　　　日期：

序号	设备名称	缺陷部位	表面温度/℃	正常相温度/℃	环境参照体温度/℃	温差/K	相对温差/%	负荷电流/A	运行电压/kV	缺陷性质	图号	时间	检核人员	备注（辐射率、风速等）

检测人员：　　　　记录人员：

6.7 判 断 方 法

（1）表面温度判断法。根据测得的设备表面温度值，对照规程关于设备和部件温度、温升极限的规定，结合环境气候条件、负荷大小进行判断。此方法主要适用于电流致热型和电磁效应引起发热的设备。

（2）同类比较判断法。根据同组三相设备、同相设备之间及同类设备之间对应部分的温差进行比较分析。

（3）图像特征判断法。该方法主要适用于电压致热型设备，根据同类设备的正常状态和异常状态的热像图，判断设备是否正常，注意应尽量排除各种干扰因素对图像的影响，必要时结合电气试验和化学分析的结果进行综合判断。

（4）相对温差判断法。该方法主要适用于电流致热型设备，特别是对小负荷电流致热型设备，采用相对温差判断法可降低小负荷缺陷的漏判率。

（5）档案分析判断法。分析同一设备不同时期的温度场分布，找出设备致热参数的变化，判断设备是否正常。

（6）实时分析判断法。在一段时间内使用红外热像仪连续检测某被测设备，观察设备温度随负载、时间等因素变化的方法。

6.8 缺陷类型的确定及处理方法

红外检测发现的设备过热缺陷应纳入缺陷管理制度的范围，按照设备缺陷管理流程进行处理。根据过热缺陷对电气设备运行的影响程度分为以下三类，具体判断依据见表 6－2（电流致热型设备缺陷诊断判据）和表 6－3（电压致热型设备缺陷诊断判据）。

表 6－2　电流致热型设备缺陷诊断判据

设备类别和部位		热像特征	故障特征	缺陷性质			处理建议
				一般缺陷	严重缺陷	危急缺陷	
电器设备与金属部件的连接	接头和线夹	以线夹和接头为中心的热像，热点明显	接触不良	温差不超过15K，未达到严重缺陷的要求	热点温度＞80℃或$\delta \geqslant 80\%$	热点温度＞110℃或$\delta \geqslant 95\%$	
金属部件与金属部件的连接	接头和线夹	以线夹和接头为中心的热像，热点明显	接触不良	温差不超过15K，未达到严重缺陷的要求	热点温度＞90℃或$\delta \geqslant 80\%$	热点温度＞130℃或$\delta \geqslant 95\%$	
金属导线		以导线为中心的热像，热点明显	松股、断股、老化或截面积不够	温差不超过15K，未达到严重缺陷的要求	热点温度＞80℃或$\delta \geqslant 80\%$	热点温度＞110℃或$\delta \geqslant 95\%$	
输电导线的连接器（耐张线夹、接续管、并沟线夹、跳线线夹、T形线夹、设备线夹等）		以线夹和接头为中心的热像，热点明显	接触不良	温差不超过15K，未达到严重缺陷的要求	热点温度＞90℃或$\delta \geqslant 80\%$	热点温度＞130℃或$\delta \geqslant 95\%$	

续表

设备类别和部位		热像特征	故障特征	缺陷性质			处理建议
				一般缺陷	严重缺陷	危急缺陷	
隔离开关	转头	以转头为中心的热点	转头接触不良或断股	温差不超过15K，未达到严重缺陷的要求	热点温度>90℃或$\delta \geqslant 80\%$	热点温度>130℃或$\delta \geqslant 95\%$	
隔离开关	刀口	以刀口压接弹簧为中心的热点	弹簧压接不良	温差不超过15K，未达到严重缺陷的要求	热点温度>90℃或$\delta \geqslant 80\%$	热点温度>130℃或$\delta \geqslant 95\%$	测量接触电阻
断路器	动静触头	以顶帽和下法兰为中心的热像，顶帽温度大于下法兰温度	压指接触不良	温差不超过10K，未达到严重缺陷的要求	热点温度>55℃或$\delta \geqslant 80\%$	热点温度>80℃或$\delta \geqslant 95\%$	测量接触电阻
断路器	中间触头	以顶帽和下法兰为中心的热像，下法兰温度大于顶帽温度	压指接触不良	温差不超过10K，未达到严重缺陷的要求	热点温度>55℃或$\delta \geqslant 80\%$	热点温度>80℃或$\delta \geqslant 95\%$	测量接触电阻
电流互感器	内连接	以串并联出线头或大螺杆出线夹为最高温度的热像或以顶部铁帽发热为特征	螺杆接触不良	温差不超过10K，未达到严重缺陷的要求	热点温度>55℃或$\delta \geqslant 80\%$	热点温度>80℃或$\delta \geqslant 95\%$	测量一次回路电阻
套管	柱头	以套管顶部柱头为最热的热像	柱头内部压并线压接不良	温差不超过10K，未达到严重缺陷的要求	热点温度>55℃或$\delta \geqslant 80\%$	热点温度>80℃或$\delta \geqslant 95\%$	
电容器	熔丝	以熔丝中部靠电容侧为最热的热点	熔丝容量不够	温差不超过10K，未达到严重缺陷的要求	热点温度>55℃或$\delta \geqslant 80\%$	热点温度>80℃或$\delta \geqslant 95\%$	检查熔丝
电容器	熔丝座	以熔丝座为最热的热点	熔丝与熔丝座之间接触不良	温差不超过10K，未达到严重缺陷的要求	热点温度>55℃或$\delta \geqslant 80\%$	热点温度>80℃或$\delta \geqslant 95\%$	检查熔丝座

注　δ为相对温差。

表 6-3　　电压致热型设备缺陷诊断判据

设备类别	热像特征	故障特征	温差/K	处理建议
10kV浇注式电流互感器	以本体为中心整体发热	铁芯短路或局部放电增大	4	进行伏安特性或局部放电量试验
10kV浇注式电压互感器	以本体为中心整体发热	铁芯短路或局部放电增大	4	进行伏安特性或局部放电量试验

续表

设备类别		热像特征	故障特征	温差/K	处理建议
高压套管		热像特征呈现以套管整体发热热像	介质损耗偏大	2～3	进行介质损耗测量
		热像为对应部位呈现局部发热区故障	局部放电故障，油路或气路的堵塞		
10kV氧化锌避雷器		正常为整体轻微发热，较热点一般在靠近上部且不均匀，多节组合从上到下各节温度递减，引起整体发热或局部发热为异常	阀片受潮或老化	0.5～1	进行直流和交流试验
绝缘子	瓷绝缘子	正常绝缘子串的温度分布同电压分布规律，即不对称的马鞍形，相邻绝缘子温差很小，以铁帽为发热中心的热像图，其比正常绝缘子温度高	低值绝缘子发热（绝缘子电阻在10～300Ω）	1	
		发热温度比正常绝缘子要低，热像特征与绝缘子相比，呈暗色调	零值绝缘子发热（0～10MΩ）		
		其热像特征是以瓷盘（或玻璃盘）为发热区的热像	由于表面污秽引起绝缘子泄露电流增大	0.5	
	合成绝缘子	在绝缘良好和绝缘劣化的结合处出现局部过热，随着时间的延长，过热部会移动	伞裙破损或芯棒受潮	0.5～1	
		球头部位过热	球头部位松脱、进水		
电缆终端		以整个电缆头为中心的热像	电缆头受潮劣化或气隙	0.5～1	
		以护层接地连接为中心的发热	接地不良	5～10	
		伞裙局部区域过热	内部可能有局部放电	0.5～1	
		根部有整体性过热	内部介质受潮或性能异常		

（1）一般缺陷。一般缺陷指设备存在过热、有一定温差、温度场有一定梯度但不会引起事故的缺陷。这类缺陷一般要求记录在案，注意观察其缺陷的发展，利用停电机会检修，有计划地安排试验检修消除缺陷。

(2) 严重缺陷。严重缺陷指设备存在过热、程度较重、温度场分布梯度较大、温差较大的缺陷。这类缺陷应尽快安排处理。对电流致热型设备，应采取必要的措施，如加强检测等，必要时降低负荷电流；对电压致热型设备，应加强监测并安排其他测试手段，缺陷性质确认后，立即采取措施消缺。

(3) 危急缺陷。危急缺陷指设备最高温度超过《高压开关设备和控制设备标准的共用技术要求》(GB/T 11022—2011) 规定的最高容许温度的缺陷。这类缺陷应立即安排处理。对电流致热型设备，应立即降低负荷电流或立即消缺；对电压致热型设备，当缺陷明显时，应立即消缺或退出运行，如有必要，可安排其他检测或试验手段，进一步确定缺陷性质。电压致热型设备的缺陷一般定为严重及以上的缺陷。

6.9 维护保养

(1) 仪器要有专人管理，有完善的使用管理规定。

(2) 仪器档案资料完整，具有出厂校验报告、合格证、使用说明、质保书和操作手册等。

(3) 仪器存放应有防湿措施和干燥措施，使用环境条件、运输中的冲击和震动应符合厂家技术条件的要求。

(4) 仪器不得擅自拆卸，有故障时须到仪器厂家或厂家指定的维修点维修。

(5) 仪器应定期进行保养，包括通电检查、电池充放电。存储卡存储处理、镜头的检查等，以保证仪器及附件处于完好状态。

红外热成像仪的校验项目、校验周期见表 6-4。

表 6-4　红外热成像仪的校验项目、校验周期

序号	校验项目名称	校验周期
1	噪声等效温差	必要时
2	准确度	(1) 首次使用时。 (2) 1～2 年
3	连续稳定工作时间	(1) 首次使用时。 (2) 1～2 年
4	环境影响评价	必要时
5	测温一致性	(1) 首次使用时。 (2) 1～2 年
6	图像质量评价	(1) 首次使用时。 (2) 1～2 年

6.10 应用实例

6.10.1 隔离开关红外检测

2014 年 5 月 8 日，某班组工作人员对 10kV 温城 623 线温城 023 开关小号侧隔离开关上桩头进行红外测温，发现B相隔离开关上桩头过热，温度达到257.2℃，而A相隔离开关上桩头温度为41.9℃，C相隔离开关上桩头温度为36.3℃，根据表6-2（电流致热型设备缺陷诊断判据）判定为危急缺陷，该隔离开关缺陷需列入危急缺陷处理流程。具体数据见表6-5。

表6-5　　检　测　数　据

检查日期	2014年5月8日9:40:19	位置	10kV温城623线温城023开关小号侧隔离开关上桩头
推荐处理措施	更换隔离开关B相闸刀和桩头引线	维修优先级别	危急
发射率	0.95	反射温度	20.0℃
红外热成像仪制造商	Fluke Thermography	红外热成像仪	Ti32-12050037 (9Hz)
图像信息：温城线023号隔离开关上桩头	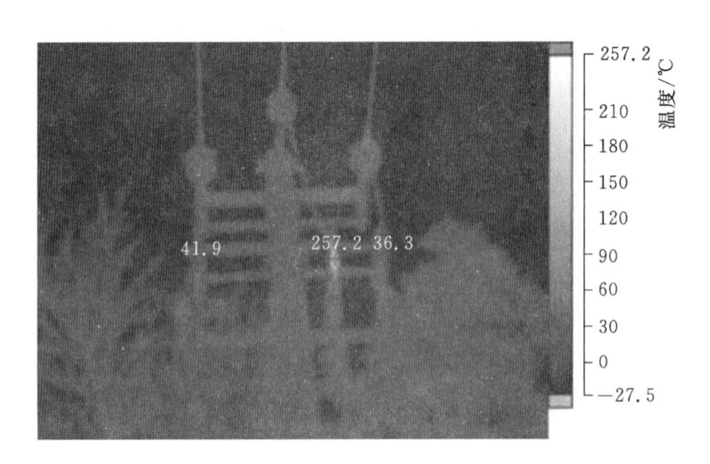		
平均温度		-3.8℃	
图像范围		-27.5～257.2℃	
红外热成像仪型号		Fluke Ti32	
红外传感器尺寸		320mm×240mm	
图像时间		2014年5月8日9:40:19	
校准范围		-10.0～600.0℃	

注　主要图像标记：A相隔离开关上桩头41.9℃、B相隔离开关上桩头257.2℃、C相隔离开关上桩头36.3℃。

6.10.2　耐张搭头红外检测

2014年8月14日，某班组工作人员对10kV岗头622线16号杆耐张搭头进行红外测温，测得A相耐张搭头24.2℃，B相耐张搭头24.0℃，C相耐张搭头24.4℃，根据表6-2（电流致热型设备缺陷诊断判据）判定为正常。具体数据见表6-6。

表 6-6　　　　　　　　　　　　　　检　测　数　据

检查日期	2014 年 8 月 14 日 8:56:29	位置	10kV 岗头 622 线 16 号杆耐张搭头
问题	无	维修优先级	无
发射率	0.95	反射温度	20.0 ℃
红外热成像仪制造商	Fluke Thermography	红外热成像仪	Ti32 - 12050037 (9Hz)
图像信息：岗头 622 线 16 号耐张搭接头	 		

平均温度	−13.5℃
图像范围	−21.5～32.3℃
红外热成像仪型号	Fluke Ti32
红外传感器尺寸	320mm×240mm
图像时间	2014 年 8 月 14 日 8:56:29
校准范围	−10.0～600.0℃

注　主要图像标记：B 相耐张搭头 24.0℃、A 相耐张搭头 24.2℃、C 相耐张搭头 24.4℃。

第7章　开关柜局放测试仪使用

10kV 开关柜一般由高压断路器、负荷开关、接触器、高压熔断器、隔离开关、接地开关、互感器和控制、测量、保护、调节装置，以及内部连接件、附件、外壳和支持件等组成，担负着控制、保护的双重功能。10kV 开关柜是配网的重要组成部分，其运行的稳定性直接影响到电网的安全运行。传统的停电预防性试验技术主要是依靠耐压试验进行绝缘性能检查，由于10kV 开关柜预防性试验周期的时间间隔为3～6年，很难发现在两次预防性试验之间出现的绝缘缺陷，容易造成绝缘不良事故。

实践表明，局放是导致设备绝缘劣化，发生绝缘故障的主要原因。长期的局放使绝缘劣化损伤并逐步扩大，进而造成整个绝缘击穿或沿面闪络，进而对设备的安全运行造成威胁，导致设备在运行时出现故障，引起系统停电。局放检测是目前开关柜绝缘检测与诊断最有效的方法。局放既是开关柜绝缘劣化的征兆和表现形式，又是绝缘进一步劣化的原因。

局放检测技术可以弥补耐压试验的不足，有效地发现其内部早期的绝缘缺陷，以便采取措施，避免其进一步发展，对开关柜局放实施检测具有十分重要的意义。

7.1　开关柜局放的产生原因

IEC 60270 标准中给局放做出了定义：当外加电压在电气设备中产生的场强足以使绝缘部分区域发生放电，但在放电区域内未形成固定放电通道的这种放电现象，称为局放。

在电气设备的绝缘系统中，各部位的电场强度往往是不相等的，当局部区域的电场强度达到该区域的击穿场强时，该区域就会出现放电。局放一般不会引起绝缘的贯通性击穿，但是可以导致电介质（特别是有机电介质）的局部损坏。若局部放电长期存在，则在一定条件下可能造成绝缘介质电气强度的降低。因此局放对绝缘设备的破坏是一个缓慢的发展过程，对于高压电气设备来说是一种隐患。

在长期运行过程中，高压开关柜内的金属件、绝缘件等由于制造中潜伏的缺陷或者运行中产生的缺陷，会产生局放。产生局放的条件取决于绝缘介质中的电场分布和绝缘的电气物理性能，通常局放是在高电场强度下在绝缘体内电气强度较低的部位发生的。产生局放的原因主要有：

（1）由于绝缘体内部或表面存在气隙（泡）而导致气隙（泡）内的放电。产生气隙（泡）的原因很多，有的是在制造过程中就残留在了绝缘结构中，有的是在使用中由于有机材料的进一步固化或裂解放出气体而形成的，有的是在使用中由于承受机械应力如震动、热胀冷缩等造成的局部开裂而形成的。因为气体的介电常数总是小于液体或固体材料的介电常数，在交变电场下，电场强度的分布反比于介电常数，则气泡的电场强度要比周围液体或固体介质的高，而气隙（泡）的击穿场强在大气压力附近总是比液体或固体介质低很多，因此气隙（泡）在电场作用下就会产生局放。

（2）绝缘体中若有导电杂质存在，则在此杂质边缘由于电场集中，也会出现局放现象。针尖状的导体，或导体表面有毛刺，则电场在针尖附近集中，也会产生局放。此外，在电工产品中，若有某一金属部件没有电气连接，成为一个悬浮电位体，或是导体间连接点接触不好，都会在该处出现很高的电位差，从而产生局放。

（3）在高电压端头上，如电缆的端头等部位，由于电场集中，而且沿面放电的场强比较低，往往就沿着介质与空气的交界面上产生表面局放。

7.2 检测方法

局放主要以电磁形式（主要包括无线电波、光和热等形式）、声波形式（主要包括声音、超声波等形式）和气体形式（主要包括臭氧、一氧化二氮等气体）释放能量。国内外的研究表明：目前已有多种方法可实现对设备的局放检测，包括射频法、脉冲电流法、超声波法、超高频法等。由于开关柜、环网柜、分支箱在运行中无法打开，所以光测量法、热测量法不适用于开关柜局放检测。气体测量法受周围环境的影响较大，相对于GIS、变压器等设备的气体测量来说，准确率很低。

为了推进电力设备的状态检修进程，国家电网公司于2010年上半年发布了《电力设备带电检测技术规范（试行）》（国网公司生变电〔2010〕11号）以及《配网设备状态检修试验规程》（国家电网科〔2011〕1004号），对于开关柜的局放检测，做了如下的规定：开关柜局放检测采用超声波检测法和暂态地电压（TEV）检测法，其检测周期见表7-1。

表7-1　　开关柜检测项目、周期

序号	项目	周期
1	超声波检测	（1）特别重要设备6个月，重要设备1年，一般设备2年。 （2）投运后。 （3）必要时
2	暂态地电压检测	（1）特别重要设备6个月，重要设备1年，一般设备2年。 （2）投运后。 （3）必要时

7.3 检测原理

7.3.1 超声波检测法

局放产生时总会伴随着声发射现象，其产生的声波在各个频段都有散射。一般认为，当局放发生后，由于电场力的作用或压力的作用，放电部位的气体会发生膨胀和收缩的过程，将会引起局部体积变化。这种体积的变化在外部产生疏密波，即产生声波。通常局放在气体中产生的声波频率约几千赫，而在液体、固体中产生的声波频率为几十到几百千赫。

通过检测局放产生的超声波信号来判定局放的方法称为局放的超声波检测法。开关柜的噪声主要集中在低频领域，大多在20kHz以下。超声波局放检测应避开干扰频率范围而以高频率为对象。但频率越高，声波在传送过程中的衰减越大，因此超声波局放检出的频率一般为20～200kHz。典型的超声波传感器的中心频率在40kHz附近，通常固定在被检测开关柜的外壳上，利用压电晶体作为声电转化元件。当其内部发生放电时，局放产生的声波信号（主要是超声部分）传递到开关柜表面，由超声波传感器将超声信号转换为电信号，并进一步放大后传到采集系统，以达到检测局放的目的。同时，可通过在开关柜表面布置多个声发射传感器组成定位检测阵列，通过计算声发射信号到达各个传感器的时差就可以对放电部位的三维位置进行定位，从而判断放电对开关柜的损伤程度。

超声波检测最明显的优点是受电磁干扰的影响较小，但是开关柜内的游离颗粒对柜壁的碰撞可能对检测结果造成干扰。但由于开关柜内部绝缘结构复杂，超声波衰减严重，在绝缘内部发生的放电则有可能无法被检测到。

7.3.2 暂态地电压检测法

根据麦克斯韦电磁场理论，局放现象的发生产生出变化的电场。变化的电场激起磁场，而变化的磁场又会感应出电场，这样，交变的电场与磁场相互激发并向外传播形成电磁波。为了减小设备尺寸，使得结构更加紧凑，开关柜制造厂家在制造中采用了大量的绝缘材料，如环氧浇注的TA、TV、静触头盒、穿墙套管、相间隔板等，如果这些绝缘材料内部存在局放，放电电量先聚集在与放电点相邻的接地金属部分，形成电流脉冲并向各个方向传播。对于内部放电，放电电量聚集在接地屏蔽的内表面，因此，如果屏蔽层是连续的，则无法在外部检测到放电信号。但实际上，屏蔽层通常在绝缘部位、垫圈连接处、电缆绝缘终端等部位出现破损而导致不连续，这样高频信号就会传输到设备外层，形成暂态地电压。

电气设备内部放电过程中，由局放脉冲产生电磁波，同时在设备的金属封闭壳体上产生暂态地电压。可以通过特制的电容耦合探测器捕捉这个暂态地电压信号，从而得出局放的幅值（dB）和放电脉冲频率。利用暂态地电压检测法在设备外壳上检测局放产生的瞬时地电压信号，可在设备运行时对设备内部的局放情况进行检测，使用方便，具有较好的抗干扰能力，在国内外已经得到广泛的应用。暂态地电压检测法对开封闭式高压开关设备进行局放在线监测，改变了传统的测试方法，可大大提高发现设备绝缘缺陷的概率，以便及时消除设备缺陷和隐患。

7.4 检测流程及注意事项

根据日常检测需要，建议使用兼具超声波和暂态地电压模式的便携式检测仪器。目前国内外使用较多的是英国EA公司生产的Ultra TEV Plus^{+}开关柜局放测试仪。该仪器具有检测精度高、抗干扰能力强、外观小巧、重量轻、便于携带、使用方便、操作简单等特点。

测试前应了解开关柜内主要电力设备所处的位置，主要检测母排（连接处、穿墙套管，支撑绝缘件）、断路器、TA、TV、电缆接头等设备的局放情况，如有条件，还应对开关室内母线桥架进行检测。传感器应尽量靠近观察窗、通风百叶等局放信号易泄漏部位的金属面板上。如果出现检测数值较大的情况，建议测量3次以上以确定测试结果。

7.4.1 超声波检测

开关柜超声波检测需通过耳机中听到的放电声音和仪器屏幕显示的超声波分贝值来判断局放信号的强弱。测试时需要将超声传感器置于开关柜体表面的缝隙处，保证传感器与信号源之间具有空气传播通道。如有放电声音，需记录超声最大位置和测试数据。

超声波检测位置示意如图7-1所示。

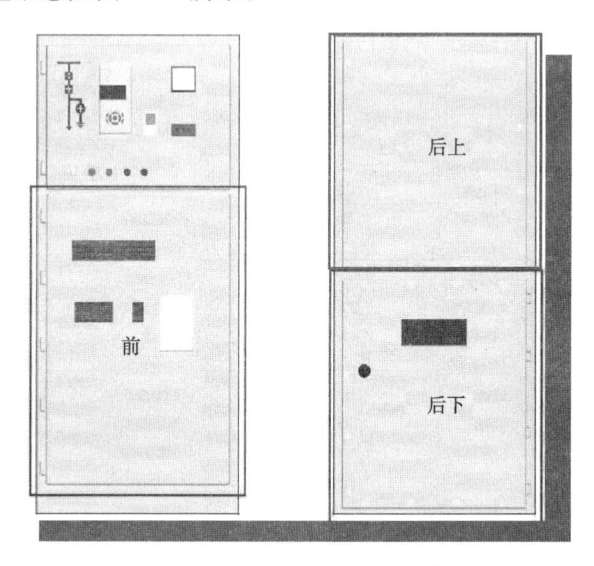

图7-1　超声波检测位置示意图

7.4.2 暂态地电压检测

1. 背景值测试

在开关柜所在的高压室内选择金属体进行背景值测试，测试位置一般可选择高压室门、备用开关柜等，并记录暂态地电压测试值。

2. 开关柜本体暂态地电压测试

将测试仪器调整为暂态地电压测试模式，对高压室内所有开关柜进行暂态地电压普测，测试位置一般为：前面板中部、下部，后面板上部、中部、下部，侧面板的上部、中部、下部，如图7-2所示。所有测试数据均需做好记录。

测试时仪器应接触并垂直于开关柜体表面，如图7-3所示。

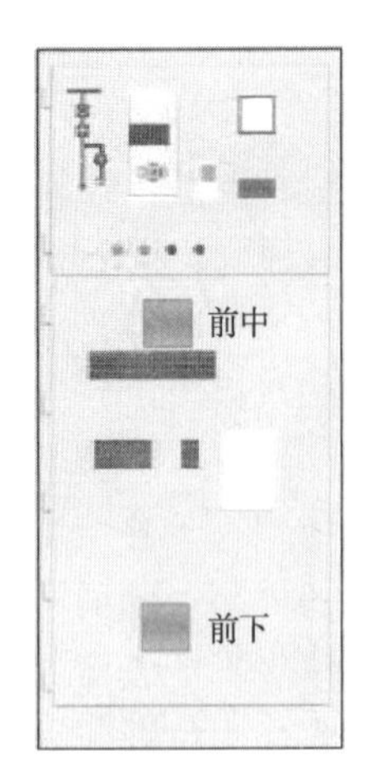

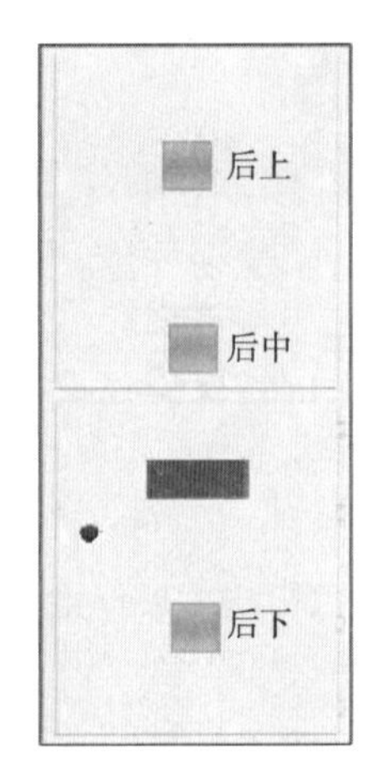

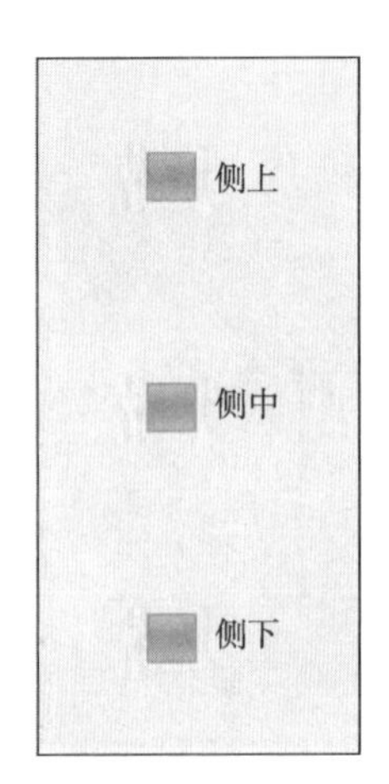

图 7-2　暂态地电压检测位置示意图

(a)正确

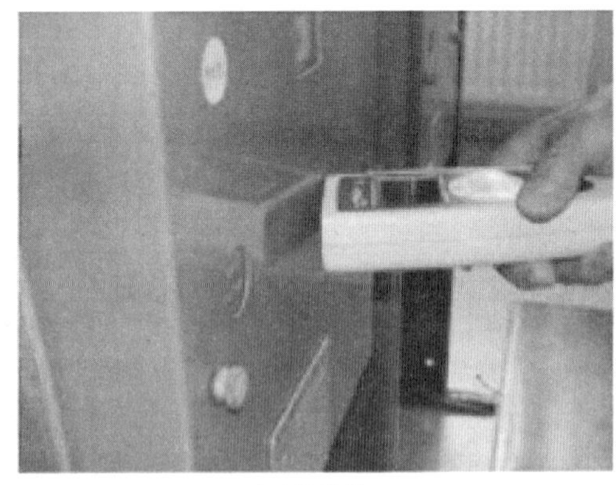
(b)错误

图 7-3　开关柜局放测试仪使用示意图

7.5　检测现场的干扰和排除

7.5.1　干扰信号源

开关柜类设备局放检测时，会受一些来自附近的干扰信号的影响，常见的干扰信号如下：

(1) 无线通信基站［图 7-4 (a)］。

(2) 轨道交通、高速公路［图 7-4 (b)］。

(3) 飞机噪声。

(4) 照明灯具［图 7-4 (c)］。

(5) 氖泡闪烁器。

(6) 变电站接地回路的网质量。

(7) 设备动作切换、负载波动。

(a)无限通信基站

(b)高速公路

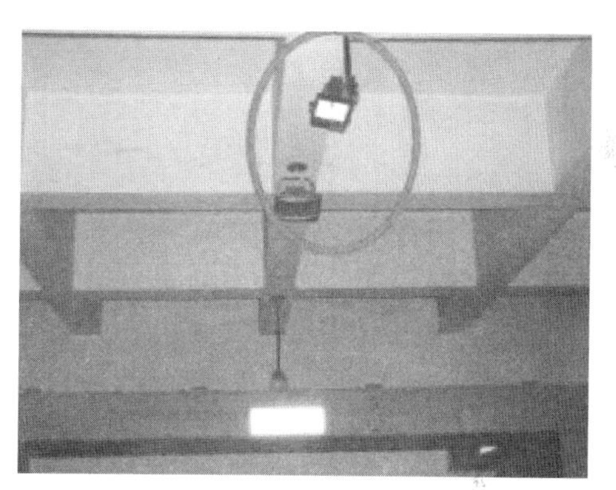

(c)照明灯具

图 7－4　干扰信号源

7.5.2　干扰源的排除

对应上述干扰源，可以通过以下手段进行排除：

(1) 临时关闭附近电动机、发电机（如排风扇、附近施工的电动机、电焊机等）。

(2) 避开大功率电器瞬时动作时段进行检测。

(3) 避开线路操作动作（负载切换、开关动作等）时段进行检测。

(4) 关闭照明灯具，关闭开关室大门。

(5) 关闭开关室内发射和接受电磁波的相关设备（如驱鼠器、环境监测系统等）。

(6) 距离电源箱和自动化系统的柜体较近时，检测数值会偏大，应尽量远离。

(7) 测量时，在开关室内不要接打电话。

7.6　检测结果分析

7.6.1　数值参考法

超声波和暂态地电压读数指南见表 7－2 和表 7－3。

表 7-2　　　　　　　　　　　　超声波读数指南

情形	定值大小	危险等级	危险说明	策略
耳机中无局部放电声音	不考虑数值大小	正常	可以运行	按正常检测周期进行下一次检测
耳机中存在明显的局部放电声音	$P \leqslant 8$dB	正常	可以运行	按正常检测周期进行下一次检测
	8dB$<P \leqslant 20$dB	异常	关注	将异常（关注）的开关柜的检测周期缩短为1个月
	20dB$<P \leqslant 30$dB	危险	预警	定位局部放电源所在开关柜，将异常（预警）开关柜的检测周期缩短为1周
	$P>30$dB		需要停电	定位局部放电源所在开关柜，立即进行检修

注　P 为超声波检测幅值。

表 7-3　　　　　　　　　　　　暂态地电压读数指南

暂态地电压读数	结论
高背景读数，即大于 20dB	高水平噪声可能会掩盖开关柜内的放电，应该消除外部干扰源重新测试
开关柜和背景基准的所有读数都小于 20dB	无重大放电，可按照《配网设备状态检修试验规程》中规定的试验周期进行检测：特别重要设备 6 个月，重要设备 1 年，一般设备 2 年
开关柜读数比背景水平高 10dB，且读数大于 20dB（绝对值），以及计数值高于 50	（1）很有可能在开关柜内有内部放电活动。 （2）可用局部放电定位器或局部放电监测仪做进一步的检查
计数的计数率大于 1000	（1）在该区域中可能有背景电磁干扰。如果读数大于 20dB，则可安装一个局部放电监测仪来识别外部电磁活动。 （2）如果是表面放电产生的高计数率，则会存在超声波信号

（1）表 7-3 所列举的参考数值引用前应排除干扰因素，开关站内的接地回路的质量、开关柜投入运行的时间和变电站内的环境噪声都会影响检测数值。

（2）测量后应对比所有开关柜的检测数值，若大多数开关柜测得的数值差别不大，那么这个数值可视为开关站的背景数值。

（3）根据经验，开关柜内部设备有电缆接头或开关柜上部距离母线排、电缆铜排较近时测得的背景数值会偏高。

（4）开关室内墙壁上的照明灯打开时所测量的靠近照明灯的开关柜的数值会偏高。

7.6.2 横向分析

对于同一个开关站内或运行环境相似的开关柜，设备绝缘水平正常情况下不会存在明显的差异，可以通过分析同次测量结果的平均水平，并衡量个体偏离总体平均水平的程度来判断设备是否存在绝缘缺陷。横向分析示意如图 7-5 所示。

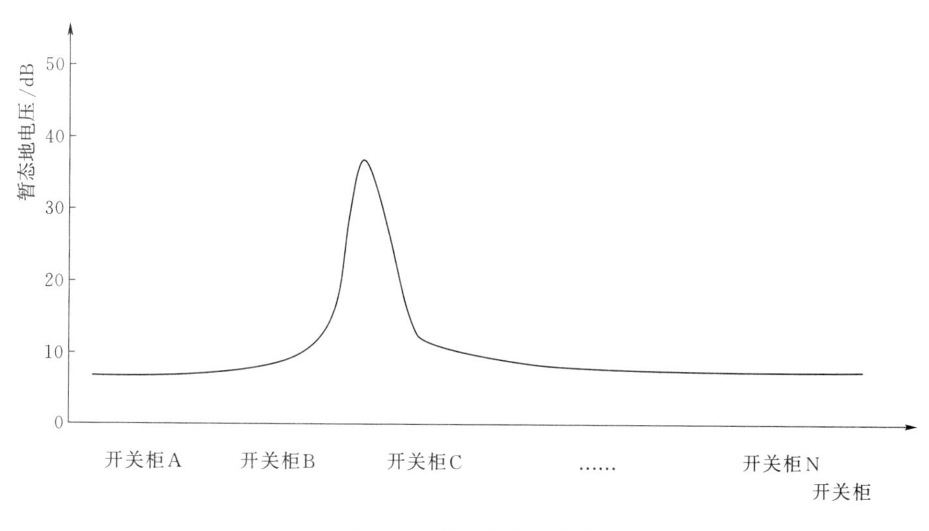

图 7-5　横向分析示意图

7.6.3 趋势分析

设备的绝缘水平正常情况下不会发生突发性恶化，连续性的局放测试数据不会出现大的差异，可以通过采集几个测量周期的检测数据并分析其变化趋势来判断设备是否存在绝缘缺陷。某开关柜的暂态地电压数值趋势分析示意如图 7-6 所示。

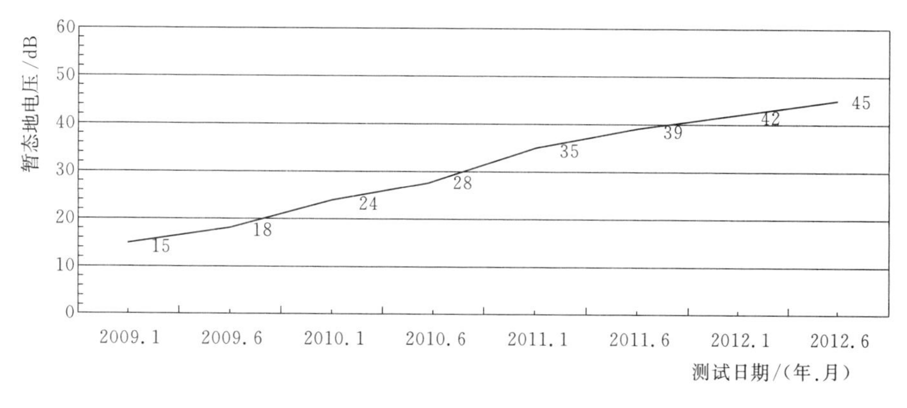

图 7-6　趋势分析示意图

7.7 应 用 实 例

1. 实例名称

10kV 联通 083 开闭所开关柜带电测试及状态评估报告。

2. 测试细节

日期：2016 年 10 月 15 日。

天气：晴。

高压室内温度：23℃；湿度：46%。

测试人员：××供电公司。

3. 开闭所基本情况

10kV 联通 083 开闭所位于××市区，投运时间为 2008 年 2 月，本次测试了开闭所内带电运行的 18 面开关柜。开闭所基本情况如图 7-7 所示。

(a)开闭所铭牌

(b)开闭所内部开关柜

图 7-7　开闭所基本情况

4. 超声波及暂态地电压测试结果分析

首先使用多功能局放检测仪（Ultra TEV Plus^{+}）的暂态地电压模式对开闭所内所有高压开关柜进行暂态地电压信号普测，记录局放幅值（dB）和 2s 内的脉冲数。再使用超声波模式对开闭所内所有运行的高压开关柜进行超声波信号普测，并记录超声信号幅值。现场检测情况如图 7-8 所示。

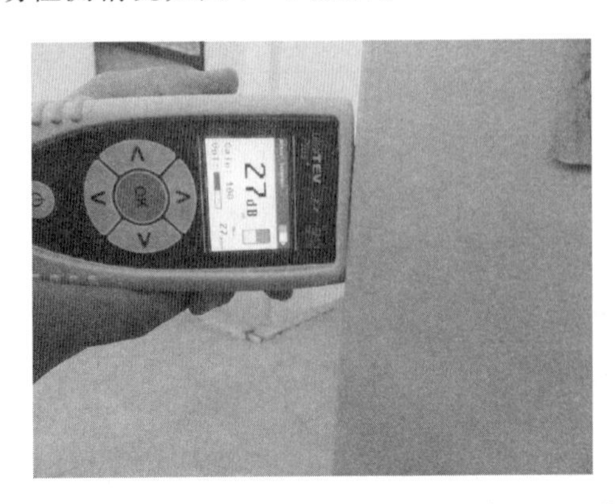

图 7-8　现场检测情况

测试值如下：

（1）背景值。开关柜环境测试数值为空气 0dB，金属 3dB。

（2）高压室开关柜测量值分析。开关柜暂态地电压、超声波测试值见表 7－4。

表 7－4　开关柜暂态地电压、超声波测试值

序号	开关柜名称	暂态地电压测试值/dB								超声波测量结果
		前中	前下	后上	后中	后下	侧上	侧中	侧下	
1	备用 118	6	8	7	4	4	5	5	6	正常
2	备用 117	5	8	5	5	5				正常
3	备用 116	4	7	4	5	5				正常
4	联通 115	5	6	5	5	4				正常
5	广福医院 114	5	5	6	7	6				正常
6	五星 8311	5	7	7	7	8				正常
7	八一 8313	5	8	6	5	5				正常
8	10kVⅠ段母线压变	5	6	5	5	5				正常
9	10kV 母分Ⅰ段	5	8	6	7	6				正常
10	10kV 母分Ⅱ段	4	8	5	5	4				前下 27dB
11	10kVⅡ段母线压变	4	7	4	5	5				正常
12	环城 8323	5	6	4	5	4				正常
13	五星 8321	5	7	7	5	4				正常
14	广福医院 205	4	6	5	5	7				正常
15	联通 204	5	7	6	4	2				正常
16	备用 203	5	6	5	5	5				正常
17	备用 202	5	6	6	5	5				正常
18	备用 201	4	5	6	5	5	5	6	6	正常

该开闭所暂态地电压数值均处于阈值范围内，但超声波测量结果发现 10kV 母分Ⅱ段柜体前下部超声波幅值为 27dB，超出正常值范围。

5. 结论

该环网站运行已有 8 年，投运时间较长，超声波测量结果发现 10kV 母分Ⅱ段柜体前下部超声波幅值为 27dB，为放电特征声，该处为电缆头所在位置，判断该开关柜内部电缆头极有可能存在表面放电活动，建议尽早安排停电检修。

6. 检修结果

对 10kV 母分Ⅱ段停电检修，发现电缆头受潮腐蚀严重，存在明显放电痕迹，如图 7－9所示。

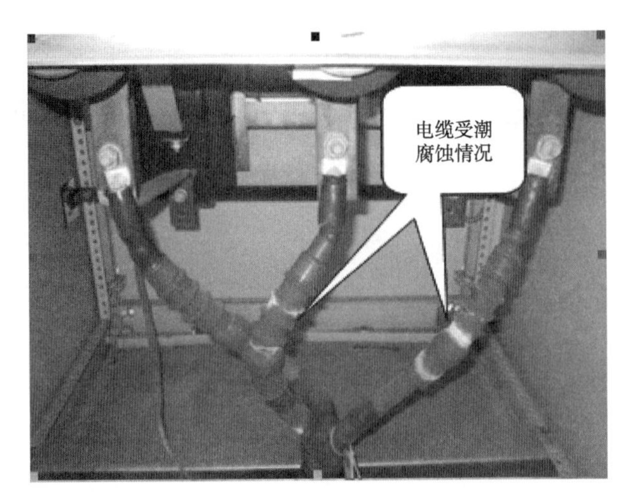

图 7-9　受损电缆头

第8章　电缆局放测试仪使用

电力电缆是输配电网的基础设施，随着社会经济的发展，电缆化率正在快速提升，其可靠、稳定的运行是电网安全的基础。在电网实际运行中，由于电缆绝缘老化、接头工艺不良、施工潜在破坏、金属护套或屏蔽层感应电压过高等原因造成的电缆事故层出不穷。上述故障在初期都会表现为一定程度的局放现象，经过长期连续运行，这种小规模的放电现象通过日积月累最终导致了故障的发生。

配网电缆传统的检测方式普遍采用竣工后的交流耐压试验、绝缘试验来保证竣工质量。交流耐压试验、绝缘试验等检测方式均需在停电状态下进行，在现阶段难以适应高供电可靠性的要求。而随着配网状态检修的推广，各配网运行单位已普遍开展电缆带电局放检测。

通过开展电缆局放带电检测可在电缆不停运的情况下采集电缆局放信号，通过关键参数的测量来识别其已有的或潜在的劣化迹象，对其进行状态评估，为开展电缆检修提供依据。

8.1　电缆局放概述

8.1.1　电缆局放的原因及危害

局放是指高压设备中的绝缘介质在高电场强度作用下发生在电极之间的未贯穿的放电。这种放电只存在于绝缘的局部位置，而不会立即形成贯穿性通道，因此称为局放。交联聚乙烯（XLPE）电缆在制造和中间接头的制作过程中，其绝缘层内部易出现的杂质、微孔、半导电层突起和分层缺陷，以及电缆运行过程中绝缘受损、老化、电树等均会引起局放的发生。长期发生局放会慢慢损坏绝缘，缩短绝缘的寿命。

8.1.2　电缆局放的分类

从局放发生的位置、绝缘劣化过程来分，电缆局放可分为内部放电、表面放电和电晕放电三类。

（1）内部放电示意如图8-1所示。内部放电现象发生在绝缘层内部，造成绝缘局部老化、腐蚀，产生内部放电通道（电树枝），最终导致绝缘击穿。

（2）表面放电示意如图8-2所示。表面放电现象发生在绝缘层表面，会造成均压层破坏，最终导致绝缘击穿。

（3）电晕放电示意如图8-3所示。电晕放电的原因为户内电缆终端头三芯之间距离较小，相线之间形成电容，在高电场中，空气易发生电离。在通风不良和空气湿度较大时易产生此类放电。

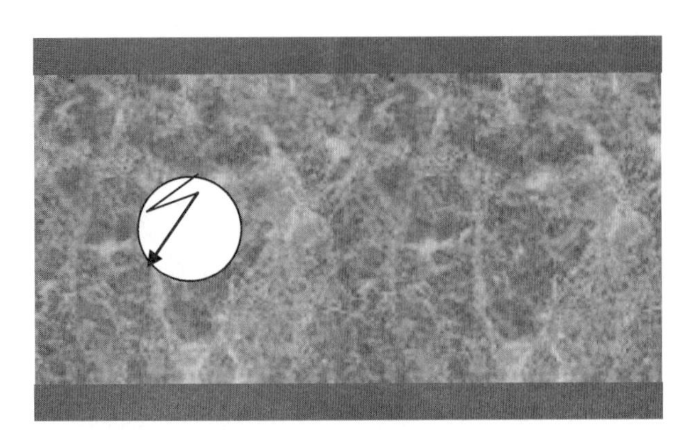

图 8-1　内部放电示意图

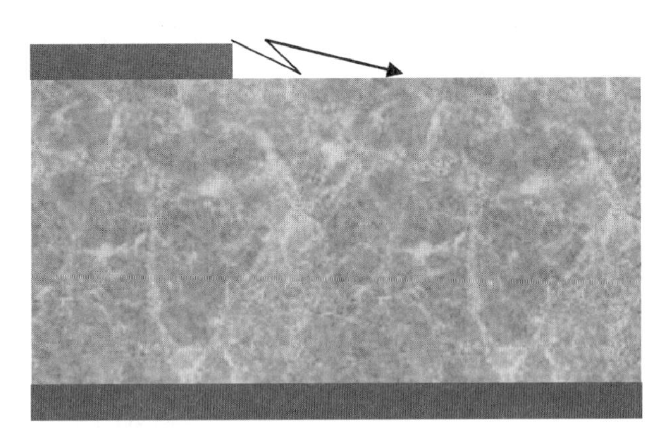

图 8-2　表面放电示意图

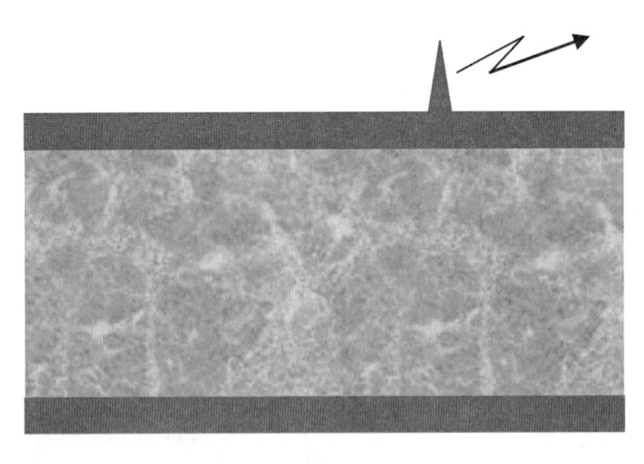

图 8-3　电晕放电示意图

易产生此类放电。电晕放电会产生臭氧及化学腐蚀，伴有“嘶嘶”的声响，有时有微弱的亮光。

8.1.3 电缆局放的演变过程

电缆局放的演变过程示意如图 8-4 所示。电缆局放是一个逐渐演变的过程，局放产生的初期是十分微弱的。在放电点上，绝缘介质发热达到一定的温度，使得绝缘材料被烧焦或融化。温度升高进一步促使绝缘材料氧化裂解，破坏绝缘体，形成恶性循环。局放使绝缘体发生微裂，发展为树枝状放电。连续性的放电不断破坏绝缘材料，形成放电通道，最终导致绝缘击穿，引发故障。

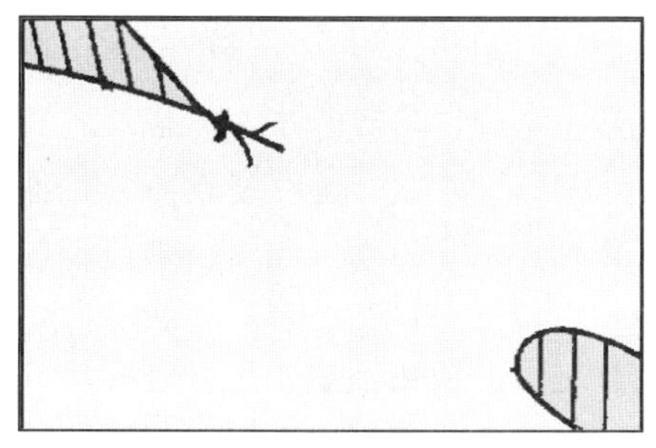

(a)局放初期

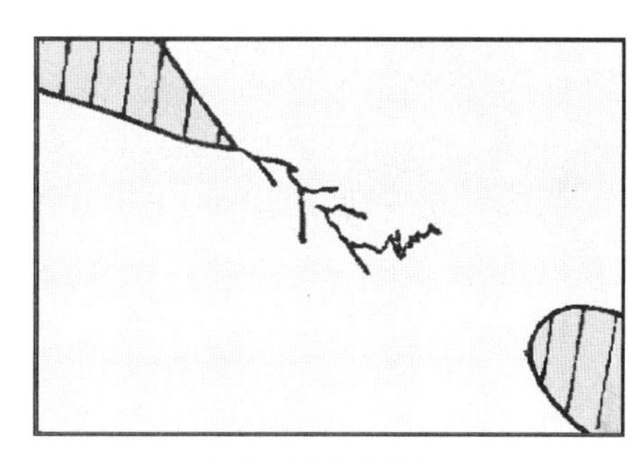

(b)出现树枝状放电

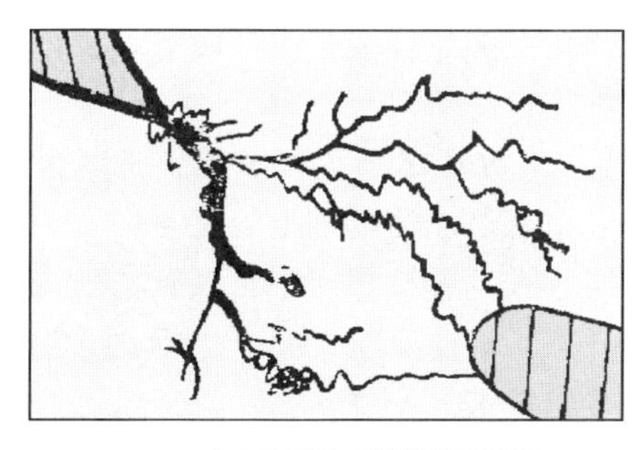

(c)发展为多道树枝状放电

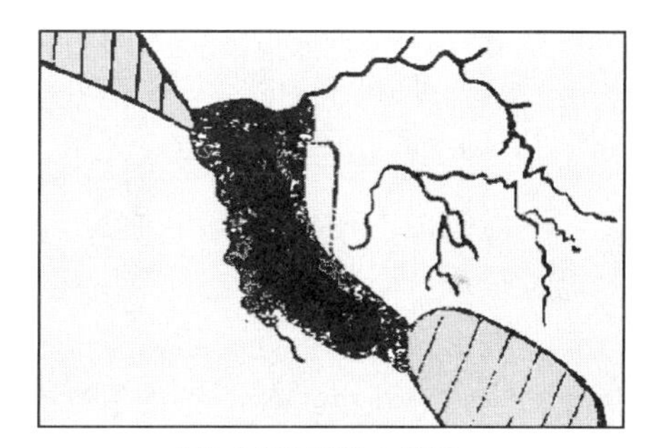

(d)击穿出现放电通道

图 8-4　电缆局放的演变过程示意图

8.2 检 测 方 法

电缆线路发生局放时一般会伴随电脉冲、电磁波放射、光、热、噪声等现象，这些伴随局放的现象为局放的检测提供了依据。《电力电缆线路试验规程》（Q/GDW 11316—2014）中规定，电缆线路诊断性试验包括超声波检测、高频局放检测、超高频局放检测（UHF）和震荡波局放（OWTS）检测。

（1）超声波检测法是较早应用成功的技术之一。电缆中局放激发的声信号有较宽的频带，可在电缆外部用超声波传感器检测到，典型的超声波传感器的频带为 40～200kHz。声学方法是非侵入式的且受外部电磁噪声影响较小，是比较理想的现场检测方法。但由于声传播随距离的增加衰减较快，多应用于电缆接头附近的检测，对长电缆的检测效果不佳。

（2）高频局放检测法也叫高频脉冲电流检测法，主要使用宽频带电流耦合器耦合局放信号，其检测频率范围通常为3～30MHz。这种方法检测灵敏度较高，测量不受电缆传输性能的影响，能测到不失真的脉冲信号；但传感器对低频分量不灵敏，远处高频干扰信号会在沿着电缆传输时衰减。高频局放检测法可广泛应用于电力电缆及其附件、变压器、电抗器、旋转电机等具备接地引线的电力设备的局放检测，其高频脉冲电流信号可以由电感式耦合传感器或电容式耦合传感器进行耦合。其中电感式耦合传感器中的高频电流传感器（High Frequency Current Transformer，HFCT）具有便携性强、安装方便、现场抗干扰能力较好等优点，因此应用最为广泛，是本章的重点。

高频局放检测法抗电磁干扰能力相对较弱。由于高频电流传感器的检测原理为电磁感应，周围及被测串联回路的电磁信号均会对检测造成干扰，影响检测信号的识别及检测结果的准确性。因此高频检测系统对信号噪声剔除、局放信息分析系统的要求较高。

（3）超高频局放检测法的频率范围为300MHz～3GHz，该方法灵敏度较高，并且借助一定的算法可实现局放源的定位、缺陷类型的模式识别。但是由于电缆附件内部结构复杂，具有多种不同的复合结构，电磁波信号在电缆附件内传播时，在复合介质交界面处电磁波会发生折、反射。因此，电磁波信号经过多层复合绝缘介质传播后，透射过的局放电磁波能量将会严重衰减，加大了局放信号检测的难度。同时，目前国内应用的传感器频带较窄，频带一般为几十千赫到几兆赫，只能检测到一小部分局放信号。局放所激发的电磁波信号需要有良好的传播路径才能被传感器接收到，而电缆多层屏蔽结构影响电磁波信号的辐射与传播，造成检测效果不理想。

（4）震荡波局放检测是世界上最先进的电缆局放诊断方法之一，可发现各种隐性缺陷，在世界范围内得到了广泛的应用。试验时通过设备电感与被测电缆电容发生谐振，在被测电缆端产生阻尼振荡电压，因为试验时采用固定电感和电缆谐振产生正弦振荡波进行加压，其波形及频率接近工频，且电压持续时间小于100ms，不会对电缆产生损伤。震荡波局放检测需要在电缆停电条件下进行，对检测条件要求较高。

8.3 检测流程及注意事项

检测流程主要步骤如下：

（1）电力电缆局放带电测试前，需对检测系统进行性能校验，其方法可参考IEC 60270《局放测量方法》中7.3部分进行校验，确保检测系统可以正常工作。

（2）安装。电力电缆局放带电测试时，高频电流传感器测量位置实物安装图如图8-5所示。通常高频电流传感器卡装在中间接头、电缆本体、终端头以及接地线上。

（3）连接检测装置的电源线、信号线、同步线、数据传输线等一系列接线，并开始检测。

（4）观察数据处理终端（笔记本电脑）的检测信号时域波形图谱，排除干扰并判断有无异常局放信号。

（5）确定存在异常局放信号后，可利用去噪模式以及放电聚类等方法进一步识别。

（6）对放电源进行定位，结合放电特征及放电缺陷诊断结果给出检测诊断结论，并提出检修建议。

现场电缆局放带电测试时应注意以下事项：根据现场测试环境应准备相应的防护和工作器具，如在电缆隧道内工作应确认隧道内是否存在有毒易燃气体并采取相应手段予以排除。对于在电缆互层交叉互联接地线和直接接地线上进行的测试工作应使用合适的工具打开接地箱，在开启过程中严禁接触裸母排等导体，传感器的卡装等操作应佩戴10kV电压等级绝缘手套。

(a)中间接头

(b)电缆本体

(c)终端头

(d)接地线

图8-5 电缆局放检测位置

8.4 检测现场的干扰源及其排除

8.4.1 干扰源

利用高频检测法进行电缆局放检测时，会被附近的一些干扰信号影响，常见的干扰源如下：

(1) 附近电动机、发电机。

(2) 大功率电器的瞬时动作。

（3）线路操作动作的瞬间干扰（负载切换、开关动作等）。

（4）来自地网的干扰信号。

8.4.2 干扰源的排除

对于上述干扰源，可以通过以下手段进行识别和排除：

（1）临时关闭附近电动机、发电机（如排风扇、附近施工的电动机、电焊机等）。

（2）避开大功率电器的动作瞬间时段进行检测。

（3）避开线路操作动作的瞬间（负载切换、开关动作等）进行检测。

（4）来自地网的干扰源一般无法实时排除，此时需要识别地网上是否有干扰源，如果电缆检测得到的局放信号与地网上的高频信号相位特征、图谱类型一致，即可以把电缆上检测到的高频信号视为干扰源。

8.5 检测图谱分析

目前国内还没有权威机构发布的电缆局放典型图谱。国网金华供电公司根据10kV XLPE电缆中间接头运行条件和事故调查分析，其内部绝缘缺陷主要包括主绝缘气隙缺陷、半导电尖端缺陷、预制件错位缺陷、绝缘表面导电颗粒缺陷、高电位尖端缺陷等。针对不同的缺陷形式，在实验室制作了5种典型的10kV XLPE中间接头绝缘缺陷物理模型。采用高频电流法获取了不同绝缘缺陷模型下的大量局放数据，形成了典型局放图谱。

现场实际得到的检测图谱往往比较复杂，在典型图谱的基础上掺杂了一些散乱的脉冲点，但主要脉冲聚集区形成的图谱形状与典型图谱特征一致，只是幅值大小有所变化。而杂散的、数量较少的脉冲点应予以忽略。

高频电缆局放检测典型图谱见表8－1。

表8－1　　高频电缆局放检测典型图谱

名称	主绝缘气隙缺陷模型	半导电尖端缺陷模型	预制件错位缺陷模型
模型描述	模拟接头内部电缆本体主绝缘存在气隙所引发的放电	模拟接头内部复合绝缘界面间从主绝缘表面向导体压接管方向的沿面放电	模拟因接头应力锥与外半导电层断口间错位脱离引起的电场集中所造成的界面爬电
模型实物图		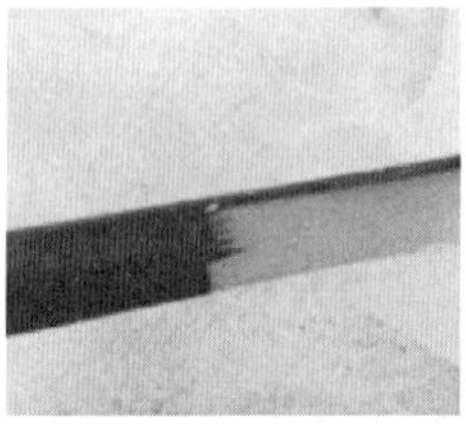	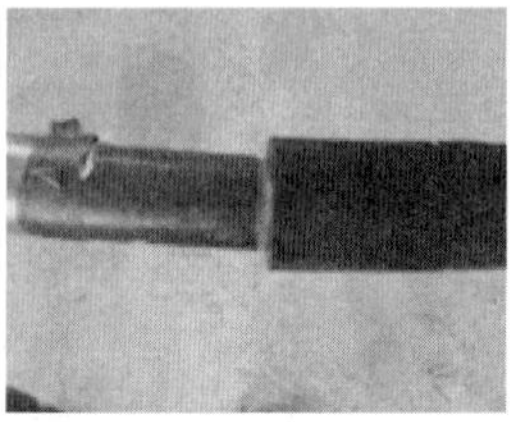

续表

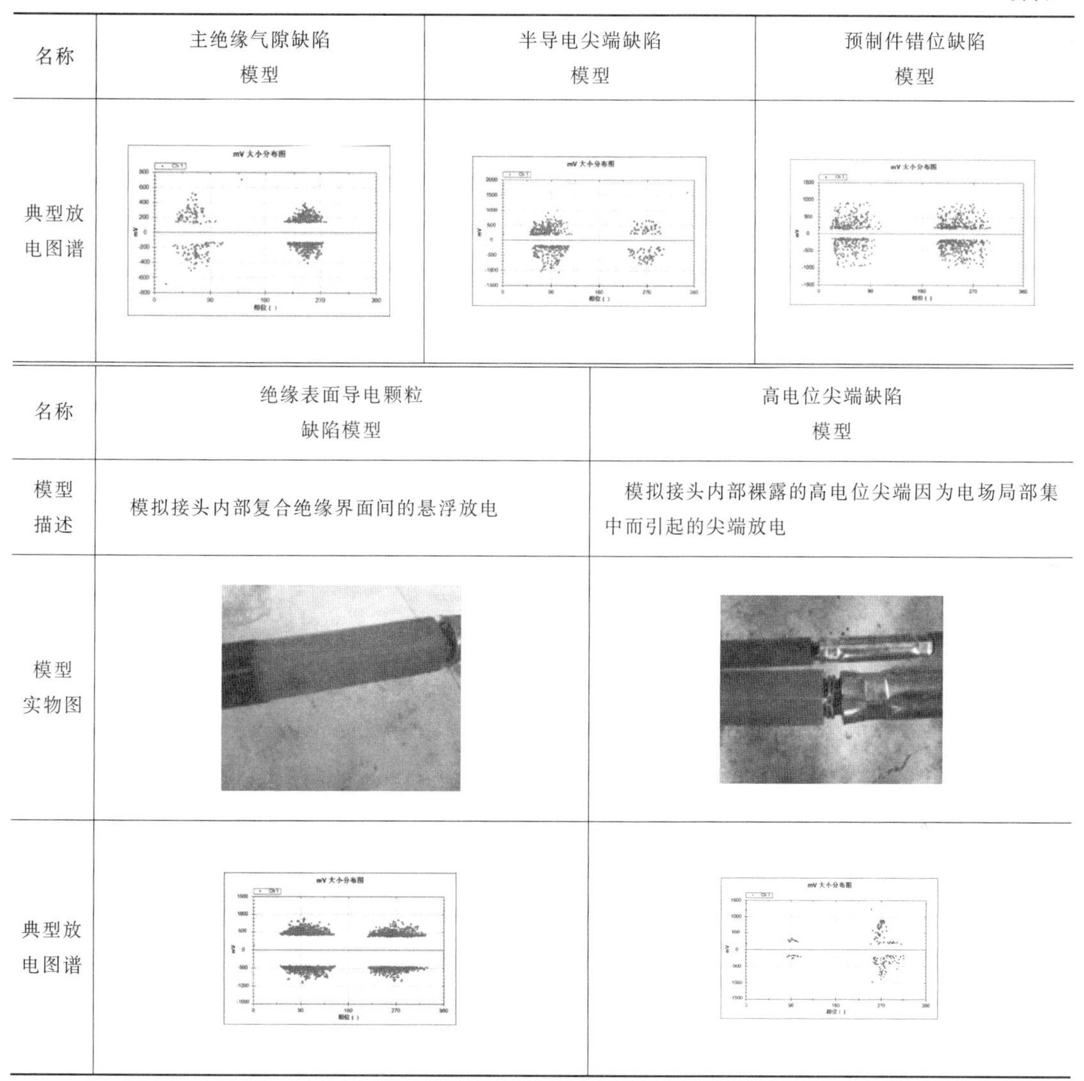

名称	主绝缘气隙缺陷模型	半导电尖端缺陷模型	预制件错位缺陷模型
典型放电图谱			

名称	绝缘表面导电颗粒缺陷模型	高电位尖端缺陷模型
模型描述	模拟接头内部复合绝缘界面间的悬浮放电	模拟接头内部裸露的高电位尖端因为电场局部集中而引起的尖端放电
模型实物图		
典型放电图谱		

8.6 应 用 实 例

8.6.1 测试过程

2016年8月2日和9月10日两次对青年路连线18号杆电缆进行了带电高频局放测试，如图8-6所示。

使用高频电流传感器，为减少噪声以及干扰，调节滤波器的频段范围为160kHz～10MHz，该频段范围为局放发生时高频信号的主要范围。为了达到测试的目的，进行长时间定时测试，每两次测试的时间间隔为10s，截取其中的部分测试图谱，如图8-7～图8-9所示。

图 8-6　青年路连线 18 号杆电缆

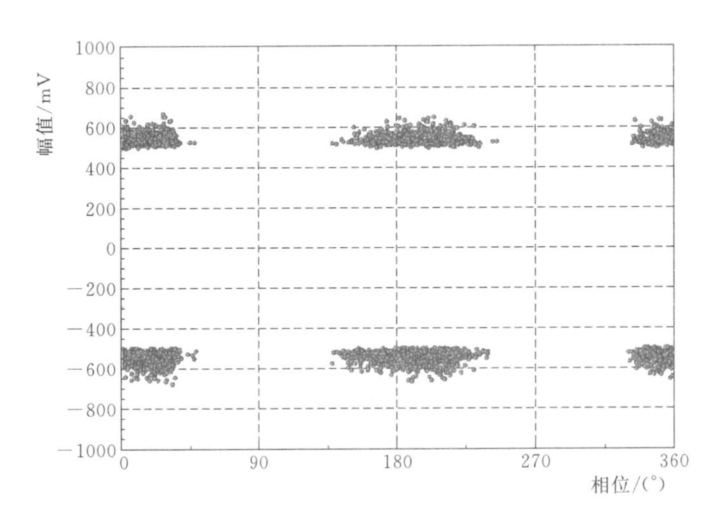

图 8-7　电缆放电幅值大小分布图

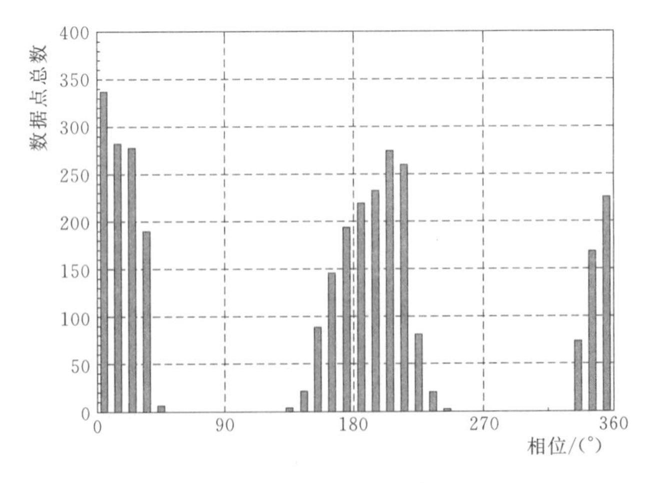

图 8-8　电缆放电数量频率柱状图

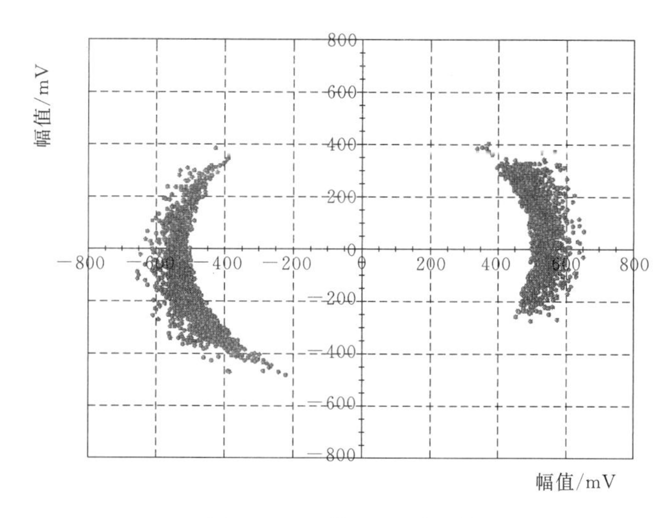

图 8-9　电缆 PD360°图谱

在图中，每一个信号点代表一个脉冲信号的峰值，判断是否存在局放有以下判据：

（1）同一个信号，出现在多个频段（调节高通和低通滤波器带宽，信号在多个频段都能检测到）。

（2）正、负半周同时出现信号团，相位差一般为 180°，也有可能只在一个半周存在信号团。

（3）信号脉冲的重复率高于 30 次/s（测试时默认选择记录测试 50 个工频周期，即 1s 的数据，所以本条件等同为同一相位的信号团多于 30 个点）。

（4）信号长时间存在。

对测试图谱进行分析：信号在 0°和 180°两个 70°相位范围内有明显的信号团，相位差为 180°左右，信号团幅值为 600mV，且稳定存在。对比表 8-1 表面放电典型图谱，图形接近，判断该电缆存在局放现象。

8.6.2　停电验证结果

根据检测结果，2016 年 10 月 18 日，运行单位将测试电缆终端拆除后进行解剖试验。

1. 终端外观情况

该 10kV 三芯终端为胶带绕包式结构，由于该终端已经投入运行 10 余年，从外观上观察，绝缘胶带老化已经相当严重，出现了严重的开裂及分层，如图 8-10 所示。

2. 解剖分析

对终端头剖开后发现了一些问题，进一步发现了产生局放的原因：

（1）电缆预处理工艺不到位导致的问题。

1）剖开后发现安装时的电缆预处理工艺相当粗糙，电缆外半导电层断口的处理工艺很不到位，存在很多尖角、台阶，如图 8-11 所示。电缆外半导电层断口是整个终端区域电场最集中的位置，如果存在尖角、台阶，会增大此处的局放水平。

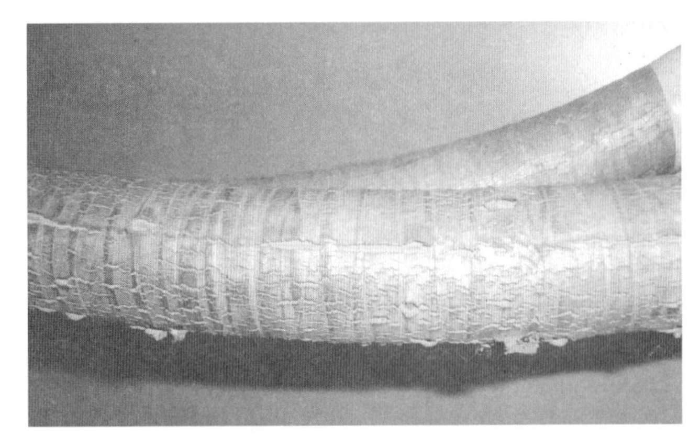

图 8-10　绝缘胶带严重老化

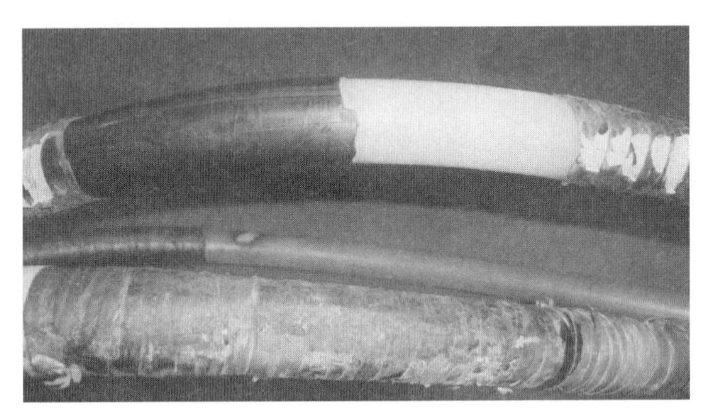

图 8-11　电缆外半导电断口处理工艺

2）另外发现电缆主绝缘表面残留了不少刀痕，刀痕会导致电场集中，加剧沿面爬电，也会加大局放水平。如图 8-12 所示，在刀痕位置有一定的放电烧蚀、发黄的迹象。

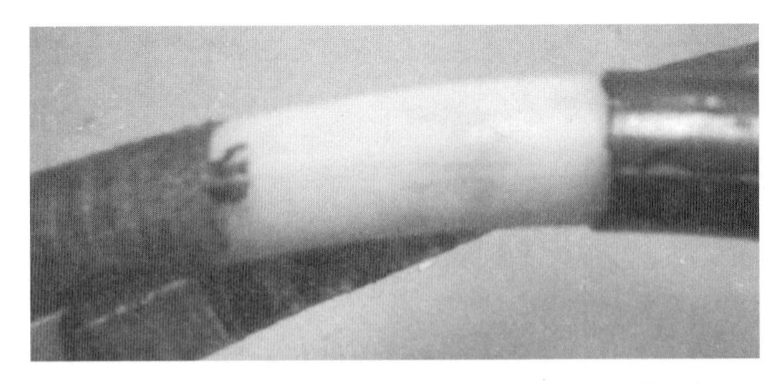

图 8-12　电缆主绝缘表面刀痕位置放电烧蚀、发黄迹象

3）电缆外半导电层开剥尺寸过长，如图 8-13 所示。由于这段露出主绝缘，没有外屏蔽，泄露电流会偏大，这也是导致线路整体局放水平偏大的因素之一。

（2）终端在安装固定时受外力损伤导致的问题。剖开后发现有一相主绝缘表面已经有严重的放电烧蚀痕迹，如图 8-14 所示。这可能是终端在吊装、固定过程中受外力磕伤后长期放电所致，这会较大程度地增大线路局放水平。

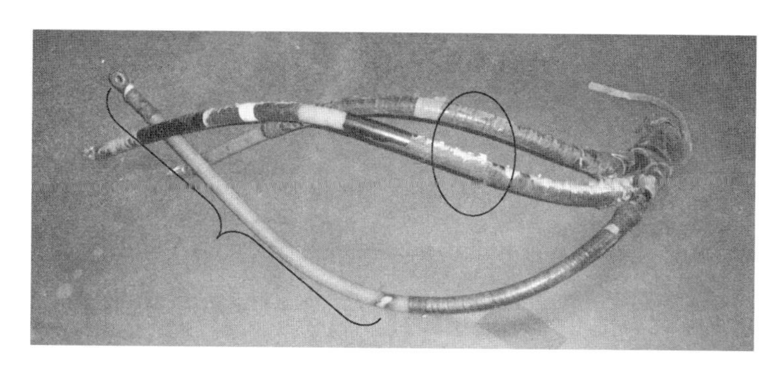

图 8-13　电缆外半导电层开剥尺寸过长

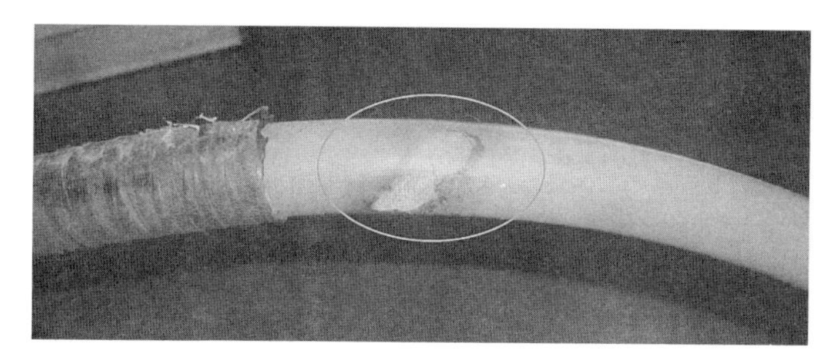

图 8-14　电缆主绝缘表面严重的放电烧蚀痕迹

第9章　经纬仪使用

本章主要介绍经纬仪的基本结构及对中、整平、对光瞄准及读数的基本方法。通过图像介绍和要点归纳，掌握使用经纬仪进行测量的基本方法及注意事项。随着科学技术的进步与发展，以经纬仪为基础发展起来的全站仪具有更加便捷、快速、自动计算显示及保存的优点，在许多应用中已取代经纬仪，本章也将简要介绍全站仪的使用。

9.1　经纬仪概述

经纬仪是线路施工中测量的主要仪器之一，常用它来测量线路的转角、高差、高度、弧垂、限距、距离等。它不仅可以精确地测量水平角和垂直角，还可以较准确地用视距法测量距离。

经纬仪有游标经纬仪和光学经纬仪两类。图9-1所示为游标经纬仪结构图，图9-2所示为光学经纬仪结构图。

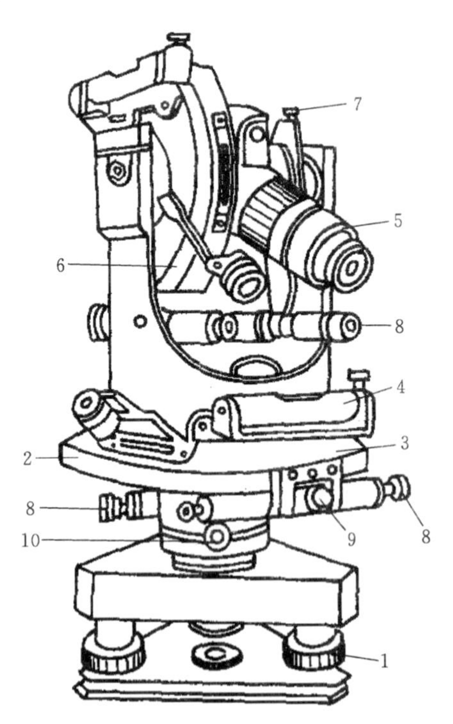

图9-1　游标经纬仪结构图

1—脚螺旋；2—水平度盘；3—游标盘；4—游标盘水准管；5—望远镜；6—垂直度盘；7—垂直制动螺旋；8—微动螺旋；9—水平制动螺旋；10—制动螺旋

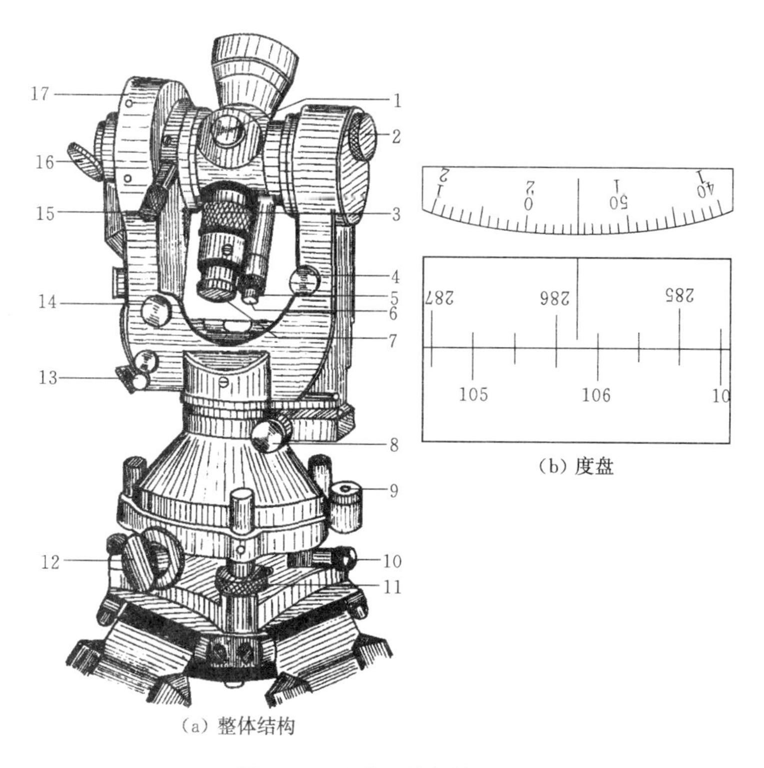

图 9-2　光学经纬仪结构图

1—十字丝反光镜；2—光学微动螺旋；3—望远镜调距螺旋；4—度盘读数转换器；5—度盘读数显微镜；6—望远镜目镜；7—管水准器；8—上度盘制动螺旋；9—圆水准器；10—对中目镜；11—基座螺旋；12—水平度盘反光镜；13—垂直度盘反光镜；14—望远镜微动螺旋；15—望远镜制动螺旋；16—垂直度盘反光镜；17—垂直度盘

经纬仪一般由基座、镜筒、垂直度盘、水平度盘等部分组成。基座安置在三脚架上，用以支承仪器；镜筒为一望远镜，内有十字丝用以瞄准目标；垂直度盘在测量垂直角度时使用；水平度盘有上度盘和下度盘，在测量水平角度时使用。

光学经纬仪的水平度盘和垂直度盘是玻璃制成的，借助光线通过透镜和棱镜的反射和折射使水平度盘和垂直度盘分划线的构像反映到两个度盘公用的显微镜内，因此读数精度更高。

国产光学经纬仪最常用的是 DJ2 和 DJ6 两种类型，“D”和“J”分别为“大地测量”和“经纬仪”的汉语拼音首字母，“2”和“6”分别表示用该类型仪器测量水平角一测回水平方向标准偏差为“±2”和“±6”。

9.1.1　经纬仪的基本结构

1. 水准器

测量时，为了使垂直度盘处于垂直位置，水平度盘处于水平位置，照准部上一般都装有圆水准器和管水准器，用以整平仪器，另外为了能按固定的指标位置进行垂直度盘读数，还装有垂直度盘管水准器。

2. 望远镜

经纬仪采用内对光式望远镜，其结构和水准仪上内对光望远镜相同。望远镜与支架上横轴（水平轴）固连在一起，可绕横轴上下转动，扫出竖直平面。望远镜位置由望远镜制动和微动螺旋控制。

3. 读数设备

度盘分划值为1°，过于粗略与密集，必须把它放大且设测微装置，可以直读1′，估读0.1′（即6″）。

（1）分微尺读数方法。DJ6型经纬仪同一进光窗中两路光线分别通过一系列棱镜和透镜作用，将度盘分划影像和分微尺的影像转入读数显微镜，可以同时读取水平度盘（H）和垂直度盘（V）的读数，如图9-2光学经纬仪外形图所示。窗口中长线和大号数字为度盘上度数，短线和小号数字为分微尺上的分值，分微尺将1°分为60′。

（2）单平板玻璃测微式读数方法。外界光线经一系列棱镜和透镜的作用，带着水平度盘和垂直度盘的分划影像，通过平板玻璃和测微尺，使水平度盘分划、垂直度盘分划、测微尺三者同时成像在刻有单、双两种指标线的读数场镜上，最后进入读数窗。

（3）DJ6型经纬仪垂直度盘及读数系统。光线透过垂直度盘分划值沿光具组（由一系列棱镜和透镜所组成）光轴和分微尺一起成像于读数显微镜的读数窗内，光具组光轴方向与指标水准管气泡居中时，才可以读数。这种仪器每次读取垂直度盘读数之前，都必须调节垂直度盘指标水准管微动螺旋，将指标水准管气泡调到居中，才能读数。

4. 基座

经纬仪基座和水准仪相似，为使竖轴轴线与测站点标志中心的铅垂线重合，在三脚架与基座连接螺旋的正中装有挂垂球的挂钩，观测时使所挂垂球对准测站点的标志中心。现在的经纬仪在照准部内装有光学对中器代替垂球。仪器的照准部连同水平度盘一起，通过轴座固定螺旋固定在基座上，因此在使用仪器过程中，切勿松动该螺旋，以免仪器上部脱离基座而坠地。

9.1.2 经纬仪的基本操作

1. 对中

对中的目的是使仪器中心点与测站的标志点处于同一铅垂线上，一般经纬仪用垂球对中，光学经纬仪也可用光学设备对中，对中的步骤如下：

（1）松开三脚架的伸张螺旋，将三脚架安置在测站点的周围，使其高度适合观测者的身材，使架顶面略成水平，架顶面中心略对准测站点。

（2）在三脚架的连接螺旋上挂上垂球，初步对中，然后将三脚架的各支脚均衡地依次踩入土中。垂球底部距离被测目标的距离越近越好。

（3）将经纬仪放在三脚架上，用三脚架与经纬仪的连接螺旋固定，观察垂球尖端是否对准测站点，稍有偏差时，可轻轻松开中心连接螺旋，移动仪器使垂球尖对准测站点，然后再旋紧中心连接螺旋，垂球尖距离被测目标越近越好。

（4）利用光学设备对中时，其方法为：先将仪器整平，使光学垂线成铅垂位置，然后移动仪器，使地面标志中心与光学对中器的分划板圆圈大致对准，旋转光圈对中器目镜的对光螺旋（有的仪器对中器目镜是拉动的），使地面标志点影像清晰，平移仪器，使标志点的像与对中分划板重合实行对中，此时整平又受到影响，因此应使对中和整平反复进行，直到两项均达到指标为止。

2. 整平

整平的目的是使经纬仪能处在水平位置上。其操作如下：首先用脚螺旋把仪器基座上的圆式水准器水泡调整为居中，然后再调整水准管的水泡并使之居中。调整的方法是用两手向内或向外缓缓旋转管式水准管的两个脚的螺旋，当水泡居中后，再将仪器旋转90°使水准器和水准管垂直于前两个整平螺旋的连线，调整第三个整平螺旋使气泡居中。

整平工作要反复进行，直到度盘转至任何位置时水准管气泡仍都居中为止，这就表明竖轴垂直，度盘水平。在实际工作中，可容许气泡不超过一格的偏差。方法如图9-3所示。

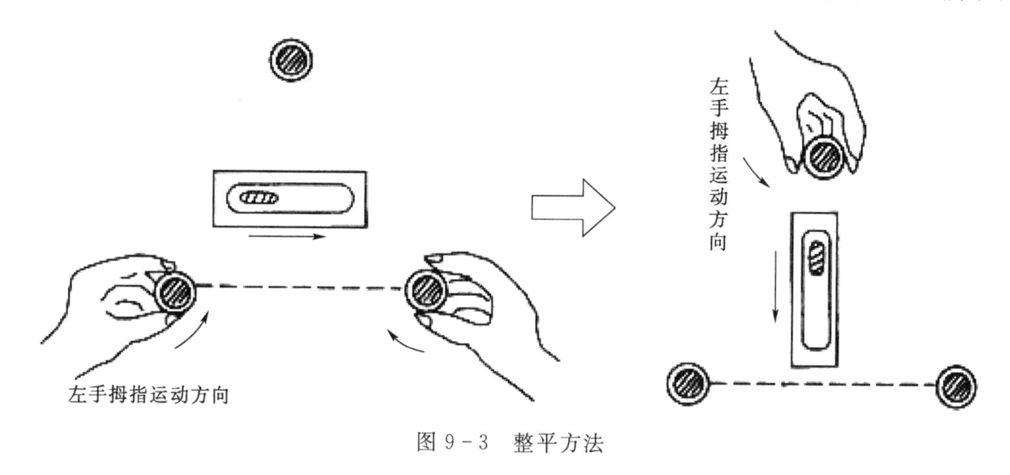

图9-3　整平方法

3. 对光瞄准

（1）对光。经纬仪整平后，测量时应先进行对光瞄准。目镜对光，需将望远镜对向天空或某一明亮的物体，转动目镜使十字丝最清晰；物镜对光，需将望远镜照准目标，转动调焦螺旋使目标的像落在十字丝平面上，从目镜中就可同时清晰地看到十字丝和目标。

（2）瞄准。用望远镜的十字丝交点瞄准视测目标叫做瞄准。观测时，先用望远镜上的缺口及准星大致对准目标，然后进行目镜、物镜对光，旋紧水平度盘和望远镜的制动螺旋，再调水平度盘和望远镜的微动螺旋，使十字丝交点准确地瞄准目标。

测量时，将标杆直立于观测点上作为瞄准目标。当瞄准时，最好是使十字丝交点对准标杆下部铁尖，如看不见铁尖，应使十字竖丝平分标杆全部。

4. 精平及读数

读数前必须保证仪器处于精平状态，即保证水平度盘水准管气泡在观测各个方向都居中，这时才能读得正确的水平度盘读数。垂直度盘读数时，垂直度盘管水准器气泡也需居中。

5. 测量中的联络与信号

测量过程中，尤其是野外测量时，观测人员与前、后方人员的联络或指挥最好采用无线电对讲机。无线电对讲机使用方便、指挥准确、不受地形限制，但如果没有对讲机也可采用旗语联络指挥，一般的旗语可自行规定。

9.1.3　经纬仪使用注意事项与维护

（1）仪器箱为塑料或木质箱，仪器从箱内取出时须小心，应轻拿轻放，一手握住轴座，一手握住三角基座，切勿握扶望远镜。

（2）仪器在三脚架上安装时，要一手握扶轴座，一手旋动三脚架的中心螺旋，防止仪器滑落，卸下时也应该如此。

（3）在严寒冬季观测时，室内外温差较大，仪器在搬到室外或搬入室内时，应间隔一段时间后才能开箱。

（4）外露的光学零件表面如有灰尘时，可用软毛刷轻轻刷去，如有水分或油污，可用脱脂棉或镜头纸轻轻地擦净，切不可用手帕、衣服擦拭光学零件表面。

（5）仪器在不用时应保存在干燥、清洁、通风良好的储存室内。

（6）仪器箱内应经常更换干燥剂，应使干燥剂的湿度小于20%，要放置防霉药片以免仪器生霉。

（7）在测量过程中搬离测站时，如果距离较近，仪器可连同三脚架一起搬动，但仪器和基座的固定螺旋必须紧固，且望远镜固定在垂直于水平度盘的位置上，搬运时最好把三脚架夹在肋下，仪器放在前面，以手保护。应避免扛在肩上行走。如果距离较远，应取下仪器放进仪器箱内搬走。

9.2 水平角测量

用经纬仪进行水平角测量是校验或进行线路复测的重要测量方式之一，也是线路转角测量必不可少的工序。

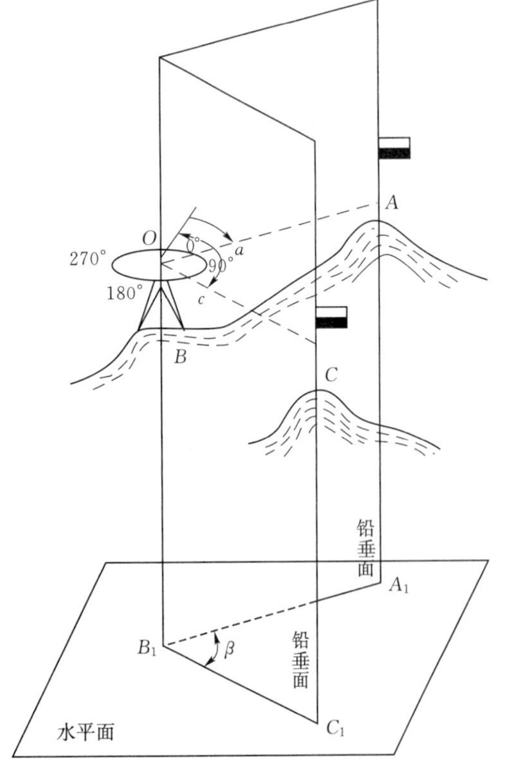

图 9-4　水平角测量原理

9.2.1 水平角的概念

大地表面是起伏不平的，设 A、B、C 是地面上的任意三点，其高程不等，如图 9-4 所示，将这三点沿铅垂线方向投影到同一水平面上，得 A_1、B_1、C_1 三点。在 P 平面上 A_1 和 B_1 及 A_1 和 C_1 连线的夹角 β，称之为水平角。由图 9-4 可知，A_1B_1 和 A_1C_1 分别是 AB 和 AC 在平面上的投影，因此，水平角就是地面上的一点到另两点的方向线之间的夹角，也就是通过这两条方向线 AB、AC 所作的两竖直面之间的两面角，由于望远镜绕仪器竖轴旋转，其竖丝可以瞄准任何水平方向。因此，只要将经纬仪安置在两竖直面交线上的任意位置，都能够测出两竖直面的方向，由读数显微镜中读出水平角（即两面角）。

9.2.2 水平角测量方法

1. 测回法

如图 9-5 所示，欲测出水平角 β，先将经

纬仪安置于测站点 O 上，进行对中、整平，并在 A、B 两点上竖立标杆，其观测方法和步骤如下：

（1）正镜（垂直度盘在望远镜左边，故也称盘左）观测。用正镜照准 A 点标杆，读得水平度盘读数 a_Z，做好记录，然后顺时针旋转照准部，照准 B 点标杆，读、记水平度盘读数 b_Z，以上观测为上半测回，所测角值为

$$\beta_Z = b_Z - a_Z \tag{9-1}$$

（2）倒镜（垂直度盘在望远镜右边，故也称盘右）观测。旋转望远镜以倒镜照准 B 点，读、记水平度盘读数 b_D。然后逆时针转动照准部，再照准 A 点，读、记水平度盘读数 a_D，以上观测为下半测回，所测角值为

$$\beta_D = b_D - a_D \tag{9-2}$$

上、下两半测回合在一起称为一测回，若两半测回角值之差不大于仪器游标最小读数的 1.5 倍。则取其平均一测回的角值，即

$$\beta = \frac{\beta_Z + \beta_D}{2} \tag{9-3}$$

用盘左和盘右两个位置观测可以消除视准轴误差和横轴倾斜误差对测角的影响，在观测后半测回时，最好将度盘约转 90°后再行观测，这样不但可减少度盘刻划不均匀的影响，同时还容易发现错误。

2. 水平角测量步骤

测水平角示意如图 9-5 所示。

测量线路水平角时（线路转角度数）在线路转角桩 O 点安置经纬仪，调平对中后对准后视点 A 点，旋紧仪器水平制动螺旋，并将仪器水平度盘调整为零（按住清零按钮置零，便于读数）然后松开水平制动螺旋，顺时针方向转动仪器对准 B 点，读水平度盘得到水平角 β 的度数，则线路转角数 $\theta = 180° - \beta$。如逆时针方向转动仪器对准 B 点，则得到水平角 α 的度数，线路转角度数 $\theta = \alpha - 180°$。

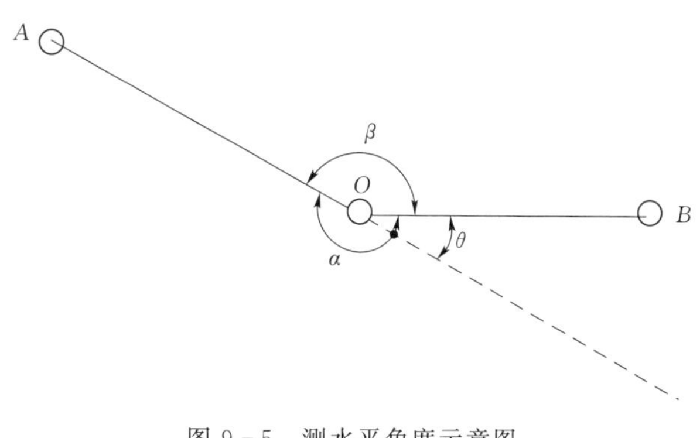

图 9-5　测水平角度示意图

3. 线路水平角测量

线路测角一般一测回就能满足要求，要求更高测角精度时，可对同一角度观测几个测回，各个测回水平度盘起始读数应按 $180°/n$ 递增，n 为测回数。表 9-1 为观测的记录、计算格式，观测时应当场记录和计算，必须待算出的结果符合规定之后，才能搬站移走仪器，表中计算半测回角值时，均用测点 B 的读数减去测点 A 的读数，当不够减时，则应先加 360°，然后进行计算，如只做一测回，则角值为 79°17′09″。

表 9-1　　　　测回法水平角观测记录

测回数	测站	测点	正、倒镜	水平度盘读数	半测回角值	一测回平均角度值	各测回平均角度值
2	O	A	正	0°00′02″	79°17′06″	79°17′09″	79°17′12″
		B		79°17′08″			
		A	倒	180°00′12″	79°17′12″		
		B		259°17′24″			
		A	正	90°00′01″	79°17′18″	79°17′15″	
		B		169°17′19″			
		A	倒	270°00′12″	79°17′12″		
		B		349°17′24″			

9.2.3　线路水平角测量注意事项

用经纬仪测角时，往往由于疏忽大意而产生错误，如仪器对中不准确、望远镜瞄准目标不准确、读错度盘读数（包括数值读错，竖盘、水平度盘读数读混）、记录记错或扳错复测扳钮等。因此，在观测时必须注意以下几点：

（1）仪器高度要合适，脚架要踩稳，仪器要安牢，在观测时不要用手扶三脚架，转动照准部和使用各种螺旋时用力要轻。

（2）对中要准确，否则将造成较大误差。

（3）仪器要整平，如观测的目标高低相差较大，更需注意整平仪器。

（4）尽量用十字丝交点瞄准标杆底部或桩顶小钉。

（5）在用正、倒镜观测同一角度时，由于先以正镜观测左目标 A，再观测右目标 B，倒镜时先观测右目标 B，再观测左目标 A，所以记录时，在正镜位置先记录目标 A 的读数，后记目标 B 的读数，而在倒镜位置时，则先记目标 B 的读数，后记目标 A 的读数。

（6）测量中的原始数据需要随时记录清楚，并对所测量数据的正确性应能及时判断，如发现错误，应立即重测。

（7）在水平角观测过程中，不得再调整水平度盘水准管，如果气泡偏移超过 1 格，只能重新整平仪器，再进行观测。

9.3　垂直角测量

9.3.1　垂直角的概念

垂直角测量是测量测点与地面上下间的角度，是进行线路断面图测量的重要环节之一。

在同一竖直面内，视准轴与水平线的夹角叫垂直角（也叫竖直角）。在水平面上面的夹角称为仰角，角值为正，用符号“＋”表示；在水平线下面的夹角称为俯角，角值为负，用符号“—”表示。如图 9-6 所示，A、B 和 C 点同为一个竖直面上的点，CD 为水平线，CA 是上倾斜线，则∠ACD 为仰角，符号为正（+）；CB 是下倾斜线，则∠BCD 为俯角，符号为负（—）。

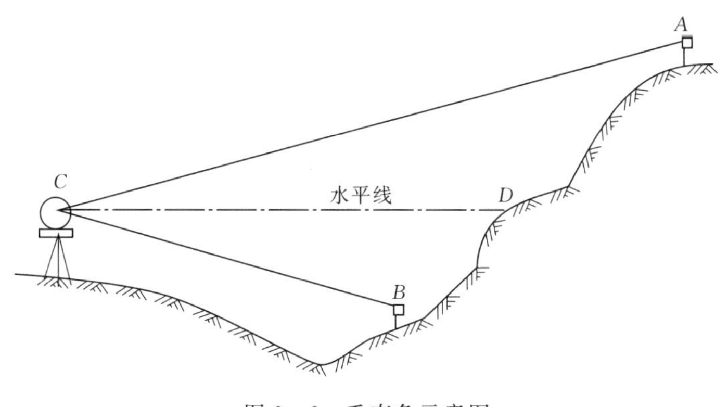

图 9-6　垂直角示意图

9.3.2　垂直角测量步骤及要求

（1）垂直角测量示意如图 9-7 所示，在测站 A 安置经纬仪，对中、整平后，经正镜照准目标 M，调节垂直度盘指标水准器微动螺旋，使水准器气泡居中，若仪器有垂直度盘自动归零装置，应将其旋到工作位置，然后读垂直度盘读数 a_1，记入垂直角观察记录（表 9-2）。

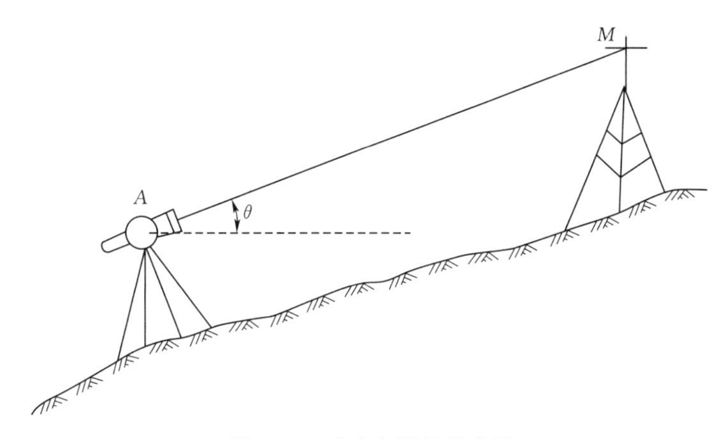

图 9-7　垂直角测量示意图

（2）为了校核并提高测量精度，依上法倒镜照准 A 点再测一次，读、记垂直度盘读数 a_2。

（3）根据所用经纬仪垂直度盘注记方式，用下列公式计算平均竖直角

$$\theta=\frac{a_1+a_2}{2} \tag{9-4}$$

式中　a_1——第一次测量数值；

　　　a_2——第二次测量数值。

正、倒镜两次测得 θ 角之差为 10″，如果经纬仪最小分划值是 20″的，该值小于最小分

划值的 1.5 倍，在允许范围之内。测量俯角时方法与此相同。

表 9-2　　垂直角观测记录

测站号	目标	正、倒镜	竖盘读数			垂直角			平均垂直角		
			(°)	(′)	(″)	(°)	(′)	(″)	(°)	(′)	(″)
A	M	正	68	35	30	21	24	40	21	24	35
		倒	291	24	30	21	24	30			

9.3.3　垂直角测量注意事项

（1）仪器应正确使用，应轻拿轻放，一手握扶轴座，一手握住三角基座，切勿握扶望远镜。

（2）对中、整平符合要求。

（3）测量读数时，注意仰角或俯角的区别。

（4）计算数据应准确。

9.4　弧　垂　测　量

档端角度观测：将经纬仪架设在杆边线瓷瓶下方，分别将经纬仪十字丝对准弧垂最低点和对侧瓷瓶最低点，得到角度 θ、θ_1 的读数，如图 9-8 所示。

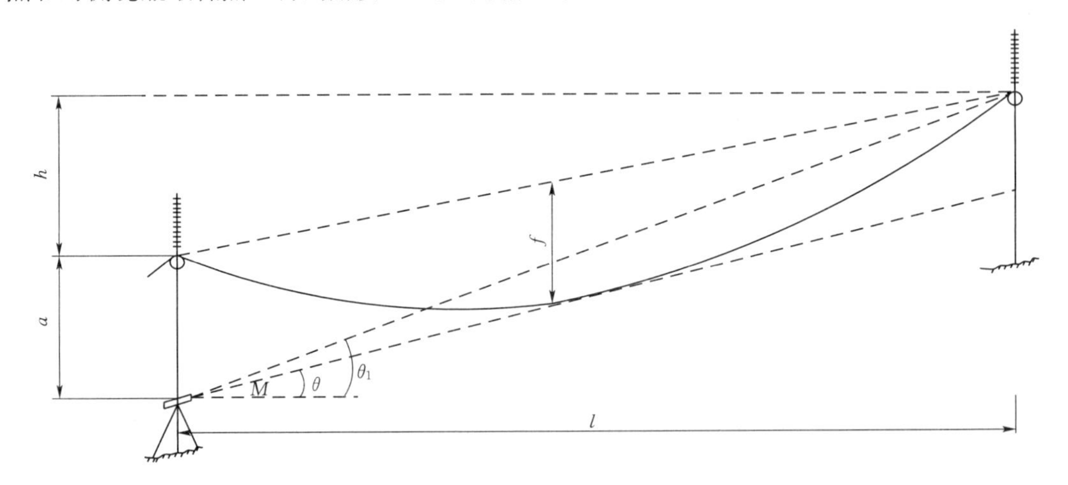

图 9-8　弧垂测量示意图

观测角为 θ，滑车口（线夹口）切角为 θ_1，f 为设计给定弧垂值，a 为仪器镜筒与塔上导地线滑车口（线夹口）的距离，则

$$\tan\theta = \tan\theta_1 - \frac{(2\sqrt{f} - \sqrt{a})^2}{l} \tag{9-5}$$

弧垂校核公式为

$$f=\left[\frac{\sqrt{a}+\sqrt{(\tan\theta_1-\tan\theta)l}}{2}\right]^2 \tag{9-6}$$

9.5 杆塔位桩的复测

9.5.1 线路复测介绍

施工复测是线路施工前施工单位对设计部门已测定线路中线上的各直线桩、杆塔位中心桩及转角塔位桩位置、档距和断面高程进行全面复核测量，若偏差超过容许范围，应查明原因并予以纠正。其后，对校测过的杆塔位桩，根据基础类型进行基础坑位测定及坑口放样工作，称此为分坑测量。通常把这两步工作统称为复测分坑。

9.5.2 杆塔复测的作用和工作任务

1. 杆塔复测的作用

线路杆塔位中心桩位置是根据线路断面图、架空线弧垂曲线模拟参照地物、地貌、地质及其他有关技术参数比较而设计的，再经过现场实际校核和测定确定，杆塔位桩一般不会有错误，但往往因设计测定钉桩到施工之间相隔了一段较长的时间，在这段时间里难免发生杆塔桩位偏移或杆塔丢失等情况，甚至会在线路的路径上又增高了新的地物。所以在线路施工之前，必须根据国家颁布的技术标准，复核设计钉立的杆塔位中心桩位置，其目的是避免错用位桩及纠正被移动过的设计位桩。施工复测的施测方法与设计测量所使用的测量方法完全相同，线路杆塔桩复测内容包括下列几个方面：核对现场位桩是否与设计图一致；校核直线与转角角度；校核杆位高差和档距，补钉丢失的杆位桩、拉线桩等，补充施工用辅助方向桩；校核交叉跨越位置和标高。

2. 线路位置复测的工作任务

定线复测、定线测量要以中心桩作为测量基点，若桩位有偏差，应采用相应的方法恢复原来的桩位。有误差时允许以方向桩为基准，横线路方向偏移值不大于50mm，转角杆塔的角度误差不大于1′30″，实测角度与线路设计角度不相符时，应查明原因；杆塔桩位丢失时，可按设计图纸数据进行补测，这时必须复查前后档距、高差、转角度数及危险点等是否符合要求，用经纬仪视距法复核档距，其误差为不大于设计档距的1%；对河流、电力线路、通信线路、铁路、公路的跨越点标高要进行复测。各项复测都要做好记录。

9.5.3 复测步骤与要求

1. 施工基面测量步骤与要求

在地形复杂的山区，如杆塔位于横向斜坡上，为保证基础设计埋深，设计已在纵断面图上标出施工基面及相应的基面降低数据。测量时将原杆塔桩位移出基面以外，使基面按设计数据降平后再恢复原桩位。其方法是：将仪器安在原杆塔位桩上用前视法在桩位前后视方向钉一辅助桩，并量出距离，垂直线路方向亦钉出辅助桩，辅助桩距中心桩10～50m。根据地形、杆塔根开、土质及基础开挖方法的不同，定出基面位置和开挖范围桩。

施工基面铲平后，用经纬仪前视法或测回法恢复原桩位，并做档距和转角复测，施工基面如图9－9所示。

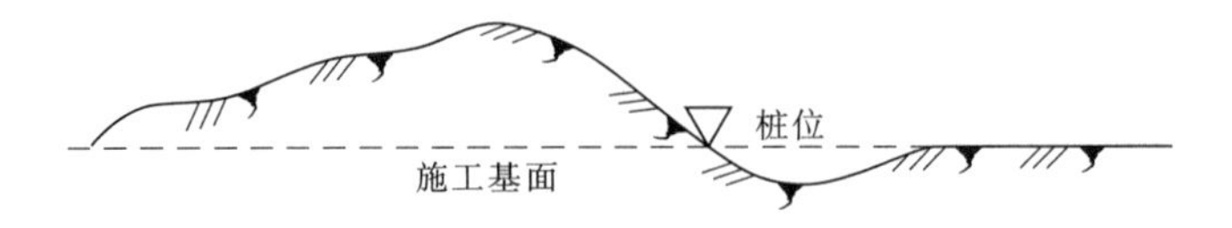

图 9－9　施工基面示意图

2. 施工测量定位的简易方法

（1）用花杆与现场地形物配合测量定位直线杆。这种方法适用于地势平坦、转角少、距离较短的配电线路中。其方法是先目测，如果线路是一条直线，则先在线路一端竖立一支垂直的花杆或利用现场的电杆、烟囱、高大直立树木作为标志，同时在另一端竖起一支花杆使其垂直于地面，观察者站在离花杆 3m 以上距离的位置，指挥其他测量人员在两支花杆间的直线桩位附近左右移动，当三点连成一线时，直线桩位就确定下来。测量定位直线杆如图 9－10 所示。

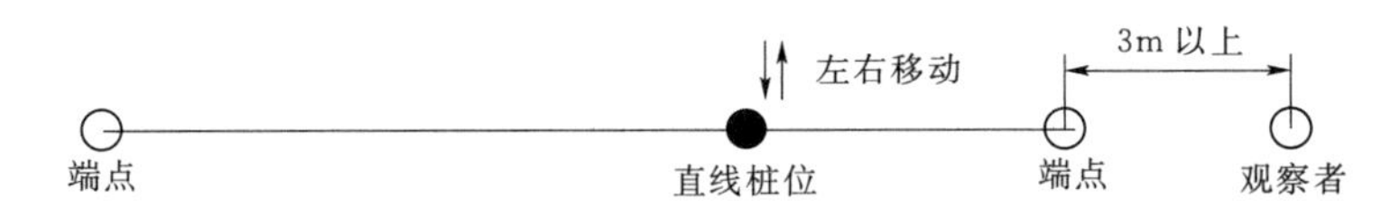

图 9－10　测量定位直线杆

（2）用花杆、皮尺配合复测转角杆定位并确定分角位置。简单定位转角杆如图 9－11 所示，根据前后各两根直线桩，并采用直线桩定位法可以交叉定出转角桩位，用皮尺配合定出离转角桩等长的 A、B 两个辅助桩位。A、B 桩位离转角桩位的距离越长，误差越小，现场可取 10m 以上。再量出 A、B 两点的距离，就可以通过三角公式计算出转角的角度，再通过 B 连线的中心点与转角桩位即可定出分角拉线的位置。$\angle AOB$ 的角度 θ 的公式为

$$\cos\theta=\frac{OA^2+OB^2-AB^2}{2OA\cdot OB} \tag{9-7}$$

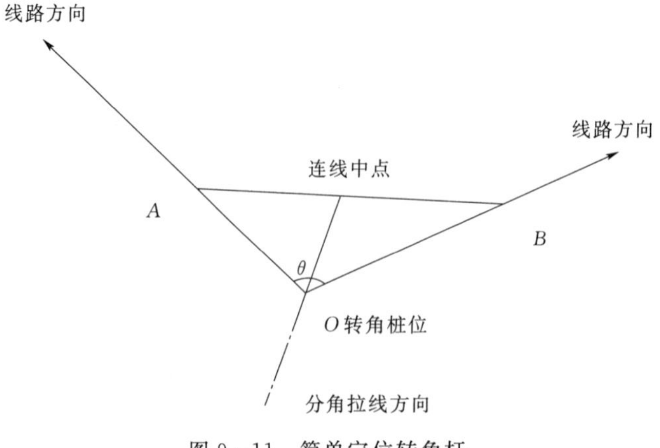

图 9－11　简单定位转角杆

9.5.4 测量标准

(1) 直线杆塔复测、校核应在相邻转角桩的连线上，其偏移值不应大于 50mm。

(2) 转角杆塔的转角角度应与原设计的角度值相符。

(3) 档距及危险标高应符合要求。

9.5.5 注意事项

根据复测后各杆塔桩的档距和标高与原设计数据相比较，一般档距误差不超过设计档距的 1%，高差不超过±0.5m。

线路复测应注意的问题：对测量中的原始数据需要随时记录清楚，并对所测量数据的正确性应能及时判断，如有疑问，应尽可能通过再次复测解决。这就要求测量人员在测量前对于所测的内容要明确，并要估计可能出现的问题。对点瞄准和读数的偏差是造成测量误差的主要原因，要清除上述误差，就要求测量人员必须对所对的目标及读数进行细致观测和重复测量；在瞄准时，需要耐心地反复校对。目标对准要在桩位下部，如果用提高花杆为目标，往往误差很大，因此必须保持垂直；如果用目测法，在确定各线路是否在一条直线上时，注意误差不要太大，否则会影响测量的准确性，此时可以让第二人进行校核。

9.6 平断面测量

9.6.1 概述

平断面一般采用视距法进行测量。视距测量的主要特点是距离不用量尺直接丈量，而利用仪器光学原理和视距尺测得两点间视距和垂直角，经过简单计算即可求得水平距离和高程。这种测量不如钢尺丈量精确，但能保证一定精度，且距离和高程可以同时测量，受复杂地形影响较小，测量简便，在配电线路施工测量中经常使用。

9.6.2 平断面测量的内容

线路平断面测量是在设计初勘定线后，沿线路中心线及两边线方向或线路垂直方向测出各地形变化点的高差和距离，并沿着线路中心线两侧一定宽度的走廊上测出主要地形、地貌及各建筑物的位置，以便作为杆塔定位和施工的参数。

9.6.3 测量步骤与要求

1. 视距测量

(1) 视准轴水平时视距测量如图 9-12 所示。在桩位中心 O_1 架设并整平仪器，当望远镜视线水平时，视线 OM 和视距尺垂直相交于 M 点，从望远镜内上、下视距线经物镜折射后与视距尺相交于 A、B 两点，两点间距离 R 为视距，尺离仪器越远，R 值就越大，反之就越小，根据 R 值即可算出仪器中心 O 到尺间的水平距离 D 为

$$D=KR \tag{9-8}$$

式中　R——视距（上、下丝差值）；

K——视距常数，一般仪器 $K=100$。

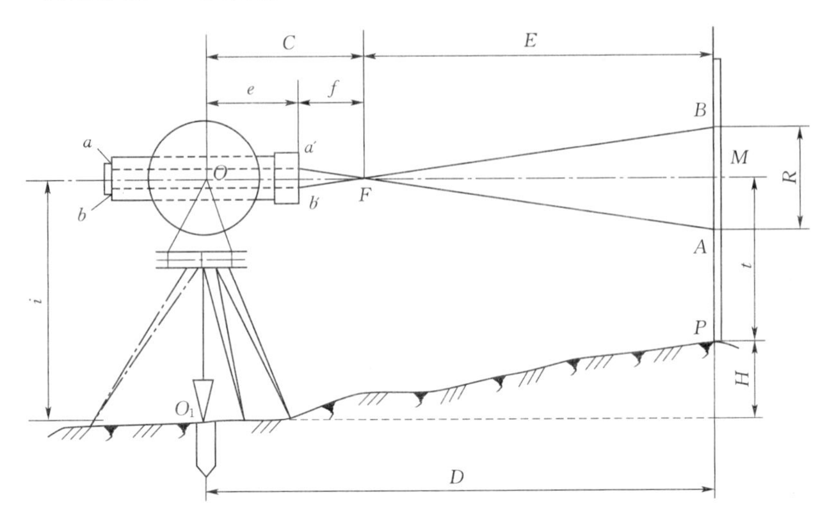

图 9-12　视准轴水平时视距测量

（2）视准轴倾斜时视距测量如图 9-13 所示。在倾斜地面上进行视距测量，视线 OM 不能垂直尺面，而和水平线 OG 形成垂直角 θ，不能使用视准轴水平时计算公式，此时水平距离为

$$D=KR\cos^2\theta \tag{9-9}$$

式中　D——O_1 和 P 之间水平距离；

R——望远镜内上、下视距丝所截得的长度；

K——望远镜的视距常数，$K=100$；

θ——倾斜视准轴线和水平线间的垂直角。

2. 高差测量

（1）视准轴水平时高差及高程的测量。由图 9-12 可以看出，桩位中心 O_1 和 P 点间高差及高程为

$$H=i-t \tag{9-10}$$

$$H_P=H_{O_1}+H \tag{9-11}$$

式中　H——P 点相对于桩位中心 O_1 点高差；

i——仪器高度；

t——P 点的视线高（中丝读数）；

H_{O_1}——O_1 点的高程；

H_P——P 点的高程。

（2）视准轴倾斜时高差及高程的测量。由图 9-13 可以看出，O_1 和 P 点间高差及高程为

$$H=h+i-t \tag{9-12}$$

$$h=D\tan\theta=KR\cos\theta\sin\theta=\frac{1}{2}KR\sin2\theta \tag{9-13}$$

$$H_P = H_{O_1} + H \quad (9-14)$$

式中　h——仪器旋转中心至尺上照准点的垂直距离，称初算高差，仰角时为正，俯角时为负。

为简化计算，在观测时，常使 $t=i$，则 $H=h$。

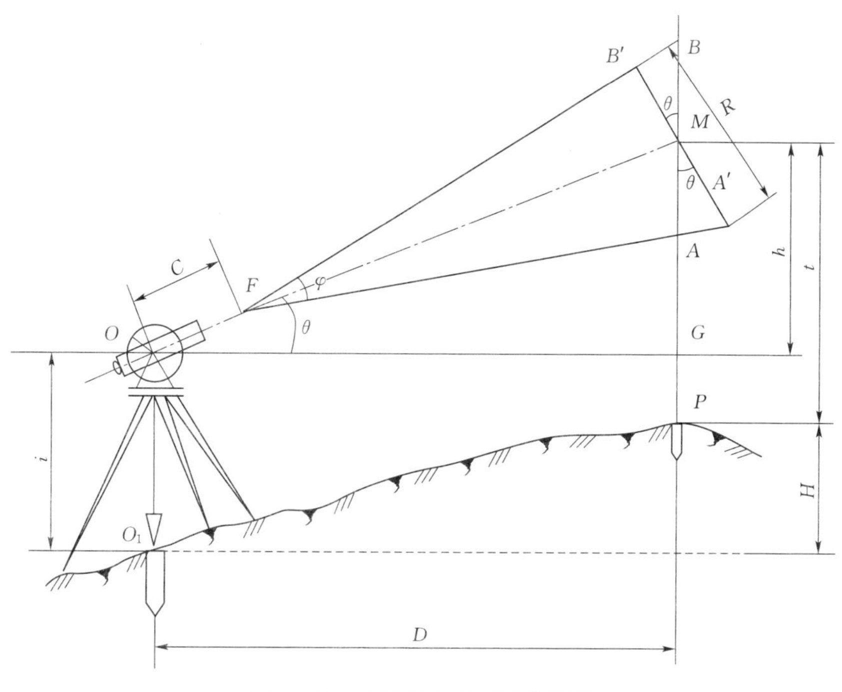

图 9-13　视准轴倾斜时视距测量

9.6.4　视距、高差及高程测量记录

视距测量记录表格见表 9-3。该表记录某线路测量时 3 个断面点的数据。

表 9-3　　**视 距 测 量 记 录**

测站名称 A　　仪器高 1.42m　　测站高程 46.54m

测站名称	上丝读数 中丝读数 下丝读数	尺间隔	竖盘读数		垂直角	初算高差 $D\tan\theta$/m	$i-t$	高差 H/m	水平距离 D/m	测点高程 H_P/m
			盘左	盘右						
P 1	2.530 2.00 1.470	1.060	6°48′	+6°50′	+6°49′	+12.49	−0.58	+11.91	104.5	58.45
1 2	1.437 1.34 1.250	0.187	4°26′	+4°28′	+4°27′	+1.450	+0.08	+1.53	18.59	48.07
2 3	1.473 1.34 1.200	0.273	3°01′	+3°01′	+3°01′	+1.430	+0.08	+1.52	27.22	48.06

9.7 全站仪概述

全站仪即全站型电子速测仪。它是随着计算机和电子测距技术的发展，由近代电子科技与光学经纬仪结合的新一代仪器，它在电子经纬仪的基础上增加了电子测距的功能，使得仪器不仅能够测角，而且也能测距，并且测量的距离长、时间短、精度高。

全站仪相当于水准仪、经纬仪及测距仪的结合体，功能非常全面，可以测角、测距、测高程、放样、数据采集，并且能够自动计算、显示、保存。相对经纬仪具有数据处理快速准确、定方位角快捷、测距自动快速、所有计算自动完成的优点。全站仪外形及显示屏如图 9-14 和图 9-15 所示。

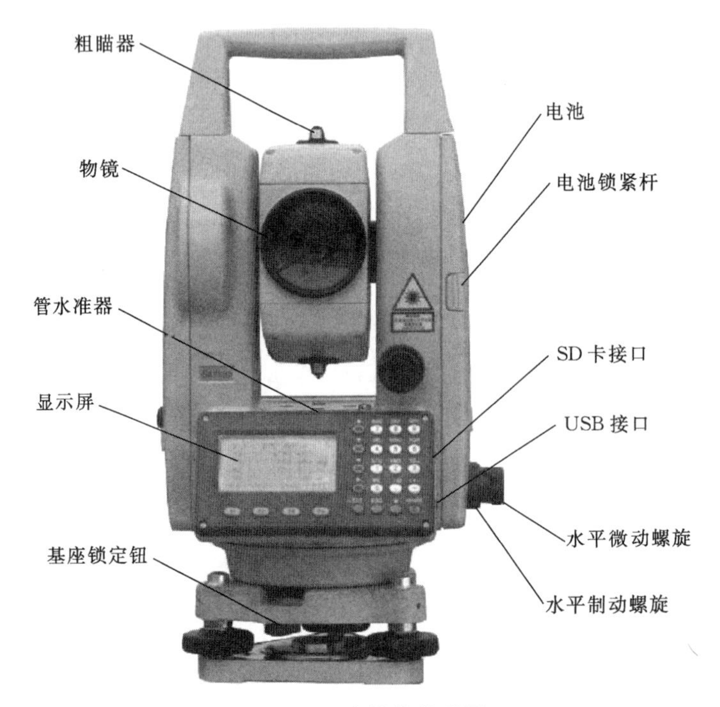

图 9-14　全站仪外形图

9.7.1 基本操作

全站仪的架设、整平、对光瞄准操作与经纬仪一致，不再重复介绍。测量前安装电池（注意测量前电池需充足电），把电池盒底部的导块插入装电池的导孔，按电池盒的顶部，直至听到"咔嚓"响声即安装到位。安装完成后，对准目标，打开电源开关，选择测量类型，按下 F2，即可直接进行测量读数。

9.7.2 使用注意事项与维护

全站仪注意事项与经纬仪一致，因其需要电池，需额外注意以下几点：

(1) 电源打开期间不能取下电池，容易导致数据丢失，应在关机后取下电池。

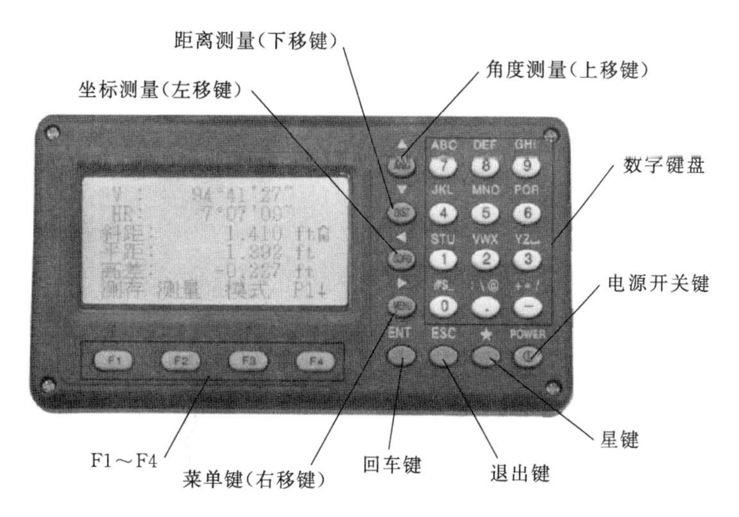

图 9-15　全站仪显示屏图

(2) 不要连续充电或放电，否则会损坏电池及充电器，如有必要充电或放电，应在使用后 30min 后进行。

(3) 使用前应查看电池电量，电量不足时应及时进行充电或放电。

(4) 放置包装箱中长时间不用时应及时取下电池，避免电池长时间放电。

(5) 工作完成、拆除装箱时应及时关闭电源，避免电池受损。

9.7.3　角度测量

全站仪的角度测量与经纬仪相同。如图 9-5 所示，若要测出水平角$\angle AOB$，步骤为：瞄准 A 点，置零（0SET）使水平度盘读数显示为“0°00′00″”；顺时针旋转照准部，瞄准右目标 B，读取显示水平度盘 HR 的读数。如果测垂直角，可在读取水平度盘的同时读取垂直度盘的显示读数。

9.7.4　距离测量

全站仪的距离测量采用电子测距。电子测距即电磁波测距，它是以电磁波作为载波，传输光信号来测量距离的一种方法。它的基本原理是利用仪器发出的光波（光速 c 已知），通过测定出光波在测线两端点间往返传播的时间 t 来测量距离 S，S 的计算公式为

$$S=\frac{ct}{2} \tag{9-15}$$

式中乘以 1/2 是因为光波经历了两倍的路程。按这种原理设计制成的仪器叫做电磁波测距仪。

全站仪距离测量时应在目标处竖棱镜，棱镜镜面对准全站仪。测量前全站仪应对准棱镜瞄准对焦。全站仪距离测量如图 9-16 所示。

测量时，首先从显示屏上确定是否处于距离测量模式，如果不是则按操作键转换为距离模式。照准棱镜中心，这时显示屏上能显示箭头前进的动画，前进结束则完成坐标测

量，得出斜距、平距、高差。全站仪测量所得的高差数据为全站仪高度与棱镜高度差。

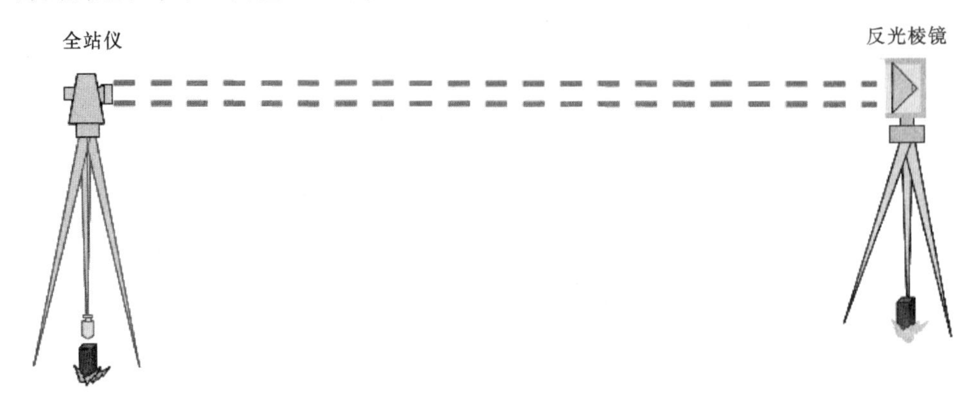

图 9-16　全站仪距离测量图

9.7.5　坐标测量

首先从显示屏上确定是否处于坐标测量模式，如果不是则按操作键转换为坐标模式。输入本站点 O 点及后视点坐标，以及仪器高、棱镜高等数据。瞄准棱镜中心，这时显示屏上能显示箭头前进的动画，前进结束则完成坐标测量，得出点的坐标。

第10章 核相仪使用

10.1 核 相 概 述

核相是指在电力系统电气操作中用仪表或其他手段核对两电源或环路相位、相序是否相同。在电力系统中，核相是一项非常频繁的高压检测工作，新建、改建、扩建后的发电厂、变电所和输电线路都需要进行核相试验。核相包括核对相序和相位，一般采用仪表或相关手段核对两电源或合环点两侧相位、相序是否相同。

核相分为两种方式：一种是物理核相，另一种是电气核相。

物理核相是在不带电的情况下核对两头的线芯是否一致。通常使用绝缘电阻测试仪、万用表等方式进行物理核相。

使用核相仪核相属于电气核相，为了防止不对相合环，在两条线路都带电的情况下，应用核相仪对两条线路进行核对，确保两条线路相位和相序一致。

10.2 分 类

10.2.1 近程核相仪

近程核相仪由一台核相主机和两个采集器两部分组成。核相主机的主要功用是对信号运放、滤波、判定及显示；采集器则是对工频电压相位进行采集，采集器灵敏性的高低直接影响到核相结果的准确性。

使用近程核相仪对电网无任何特别的干预，电网能保持正常工作，核相工作能在几分钟内完成。近程核相仪通过无线电信号通信，使用范围可以扩展到10m左右，并可以穿过围墙和隔板使用。

但是近程核相仪有地域的局限性，核相范围很小，对于相隔较远的电力线路无法完成核相。

10.2.2 远程核相仪

远程核相仪主要由两台核相主机，四个X、Y采集器和四个A、B采集器组成。

远程核相仪通过无线接收模块将采集器的输出信号进行滤波、整形、数据处理后，与卫星授时秒脉冲上升沿比较时间差换算成度数。如果甲、乙两端是同相，那么两端的工频相位信号上升沿与秒脉冲的上升沿时间差也相同，通过比较甲、乙双方的度数差值定性出“同相”；如果甲、乙两端不同相，那么两端的工频相位信号上升沿与秒脉冲的上升沿时间差也不相同，通过比较甲、乙双方的度数差值定性出“不同相”。

远程核相仪利用GPS卫星授时技术和无线传输技术，使核相距离可以达到500km以上，包含近程核相仪所有优点，解决了近程核相仪核相范围小的难题。同时还适用于环网柜、分接箱、变压器等电力设备，是目前广泛应用的核相仪器。

10.2.3　网络核相仪

网络核相仪主要由互联网定相基站和高、低压定相手持核相仪两套设备组成。

网络核相仪借助于移动通信网络和互联网两大通信平台，能使高、低压定相手持核相仪用户和互联网定相基站服务器在任一时间内进行数据交流并完成相位识别。互联网定相基站不断地采集标准的A、B、C基准相位信号，将高、低压定相手持核相仪接入移动网络，就可以通过移动通信网络和互联网实时将现场采集数据上传至互联网定相基站服务器自动进行数据交换、比对，得出核相结果。实现了真正意义上的电网统一相色标识。网络核相仪已逐步在电网企业推广使用。

10.3　使　用　方　法

1. 产品示意图

各类产品部件示意如图10-1～图10-4所示。

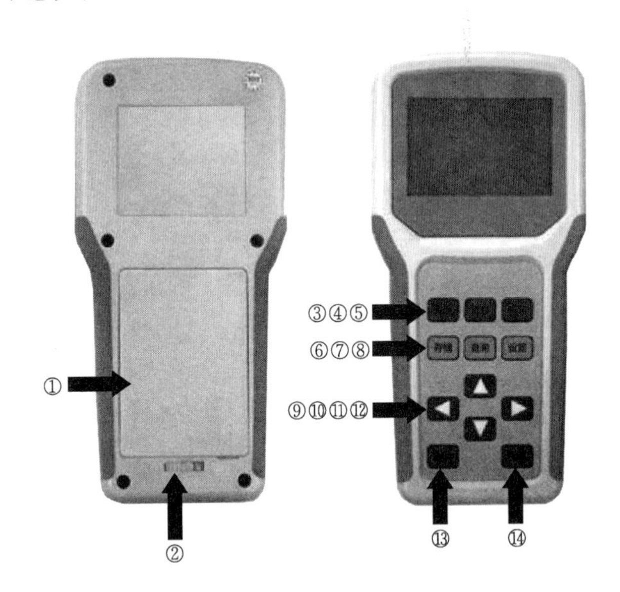

图10-1　主机示意图

①—电池盒；②—电池盒开关；③—开关键：开/关机；④—语音键：语音开启/关闭；⑤—模式切换；⑥—存储键：存储数据；⑦—查询键：查询数据存储；⑧—设置键：设置时间/采集器匹配模式；⑨、⑩、⑪、⑫—上、下、左、右方向键；⑬—确认键；⑭—取消键

2. 核相流程

核相流程如图10-5所示。

(a)环网柜采集器正面

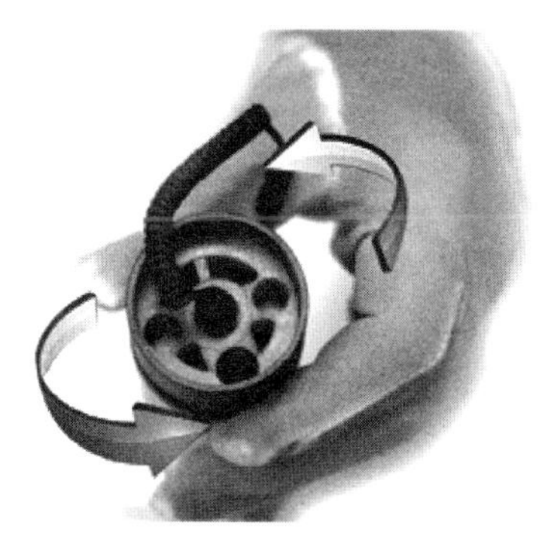

(b)采集器底部可拧开并装配电池

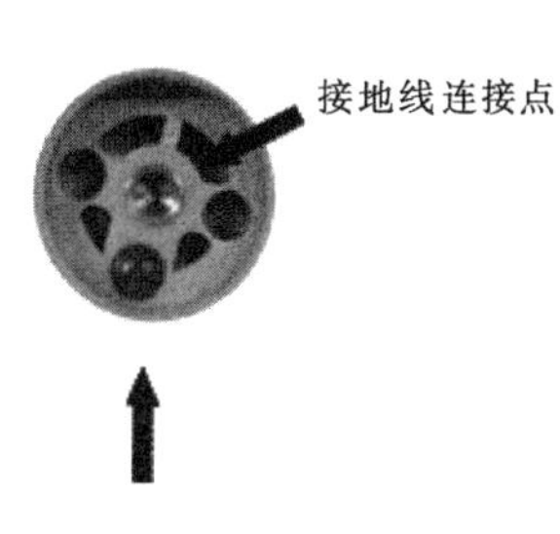

(c) 按钮为匹配开关

图 10-2　环网柜专用采集器示意图

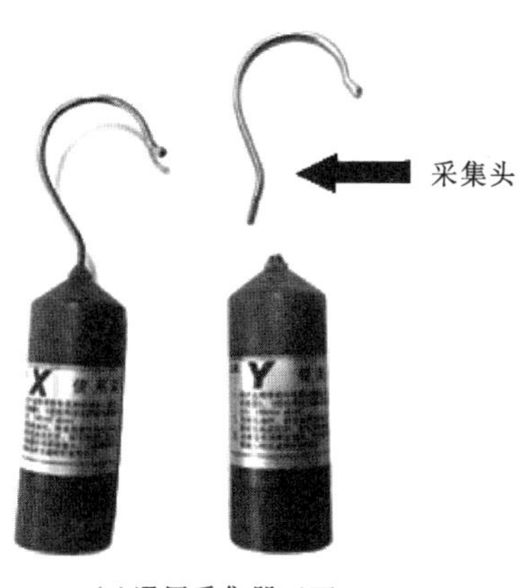

(a)通用采集器正面

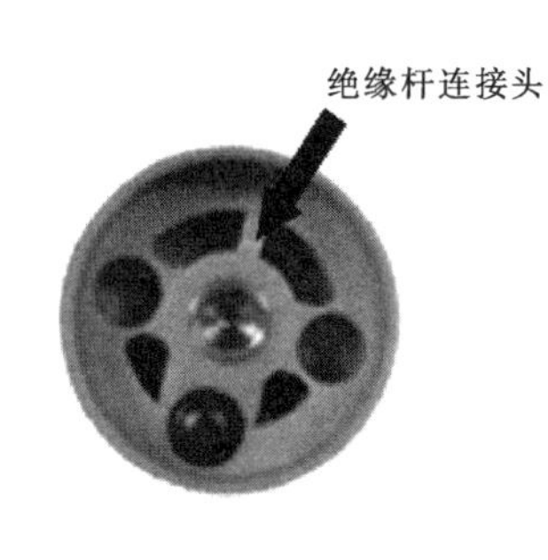

(b)通用采集器底部

(c)绝缘杆

图 10-3　通用采集器示意图

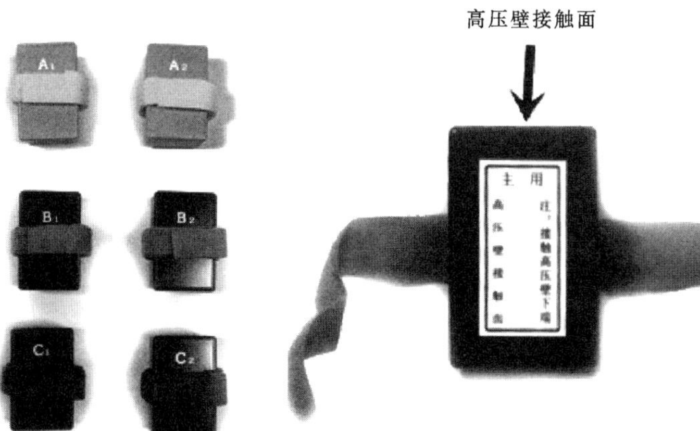

(a)中置柜采集器正面

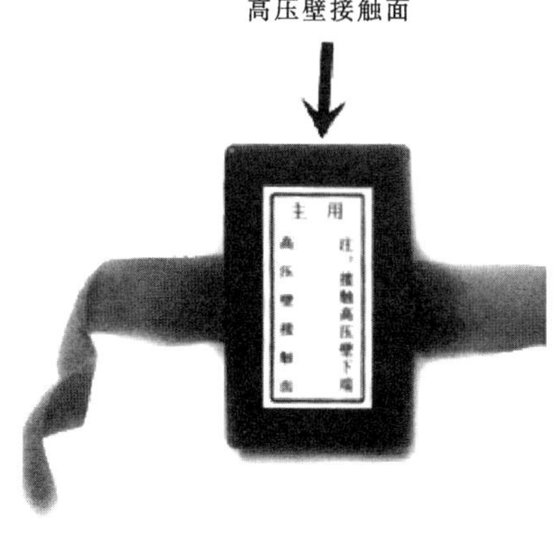

(b)中置柜采集器背面

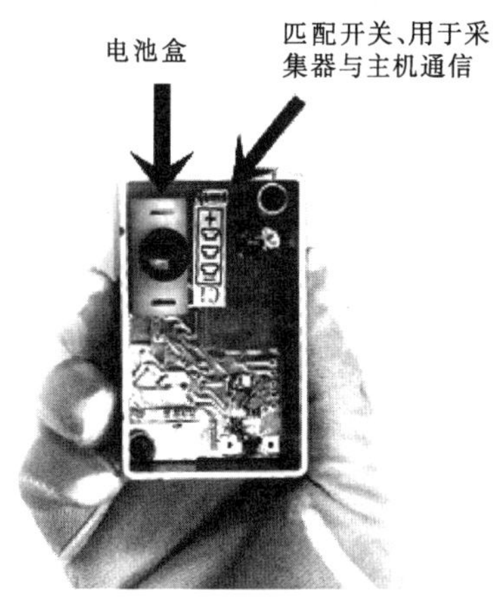

(c)内部示意图

图 10-4　中置柜采集器

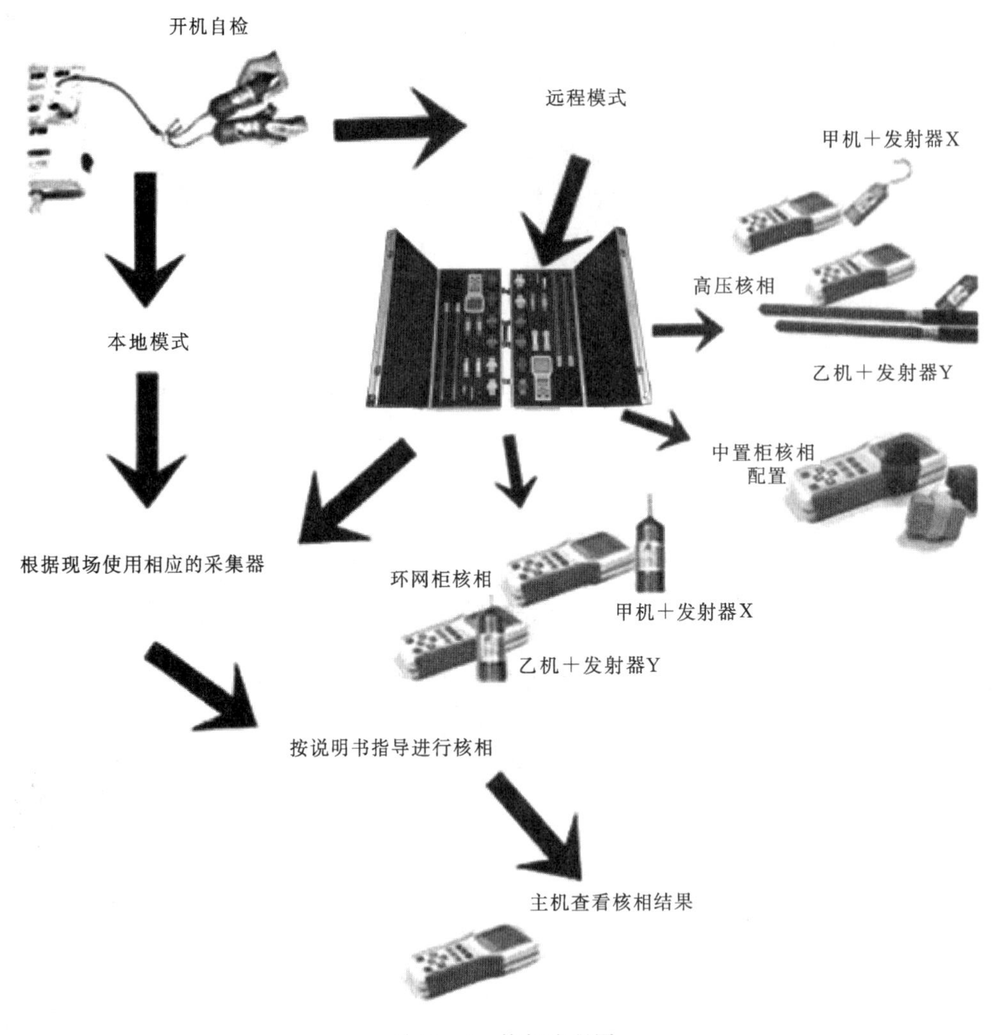

图 10-5　核相流程图

3. 高压核相使用方法

将两个采集器分别挂在待测高压线上，在卫星时钟的状态下两台主机的度数差值不大于 20°或本机时钟状态下度数差值不大于 20°则为同相（同一变压器出线不大于 40°为同相）。

按循环方式计数（1°～360°）差值为 120°±30°以内，则为顺相序；差值为 240°±30°以内，则为逆相序。

实时显示：乙方 5s 报一次定量测量的数据（数据 5s 变化一次），收到卫星时钟信号后，主机内部高精时钟可保证 40min 内系统正常运行，因此适应室内外不同场所的核相工作。

4. 高压与低压核相使用方法

低压方将采集器插入感应点，另一方将采集器挂在高压线上。

5. 低压核相使用方法

甲乙双方同时将采集器插入感应点中进行核相，两个采集器测量方式应保持一致，即两个采集器的接地线同时接地或甲、乙双方同时握住采集器接地线的金属点，以保证测量精度。

6. 远程核相判定方法

（1）同相读数实例如图 10-6 所示。假设甲、乙双方收到卫星信号后开始核相工作，乙方屏幕定性测量显示 245°，向甲方报数，如甲方定量测量显示 245°（差值不大于 20°），即为同相。

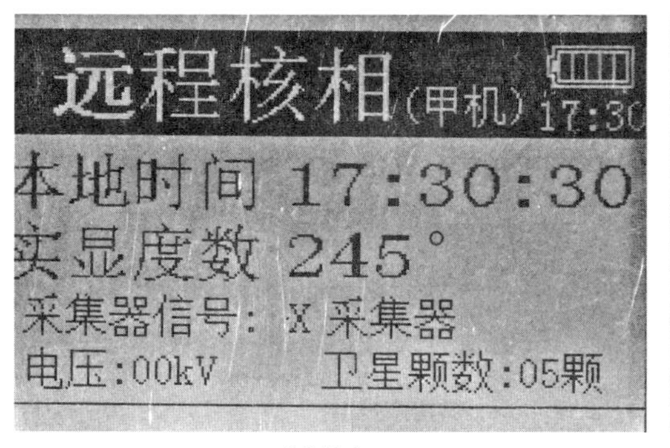

(a)甲方

(b)乙方

图 10-6　同相读数实例

（2）顺相序定性读数实例如图 10-7 所示。假设甲、乙双方收到卫星信号后开始核相工作，乙方屏幕定性测量显示 075°，向甲方报数，如甲方定性测量显示 305°，则为顺相序。读数方式：以甲机为基准，305°顺时针转到 360°，再顺时针转到 075°，中间经过 120°，故为顺相序。

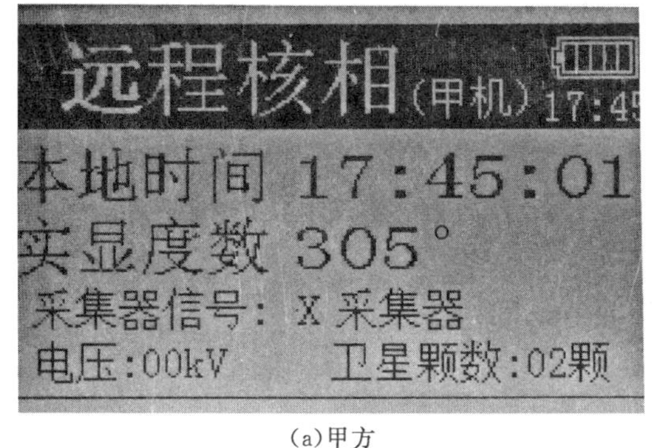

(a)甲方

(b)乙方

图 10-7　顺相序定性读数实例

（3）逆相序定性读数实例如图 10-8 所示。假设甲、乙双方收到卫星信号后开始核相工作，乙方定性测量显示 355°，向甲方报数，如甲方定量测量显示 110°，为逆相序。读数方式：以甲机为基准，110°顺时针转到 355°，中间经过 240°，故为逆相序。

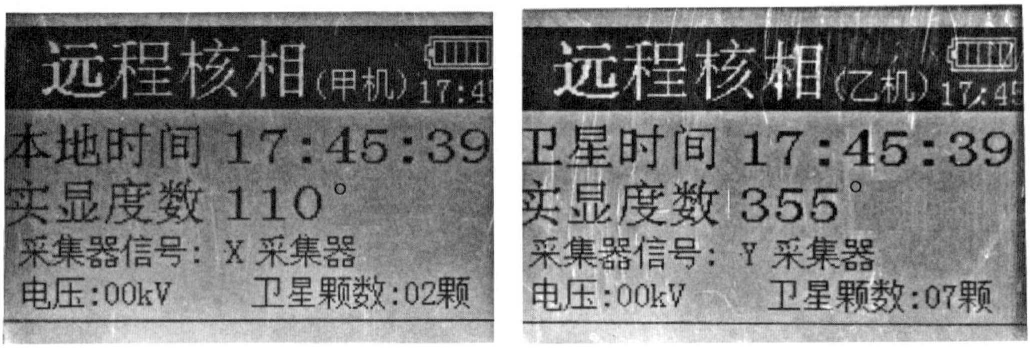

(a)甲方读数

(b)乙方读数

图 10-8 逆相序定性读数实例

10.4 维 护 保 养

(1) 核相仪属于精密仪表，不可随意打开。

(2) 只允许使用所在国家认可的产品专用电源线。

(3) 为避免仪器损坏或人身伤害，请勿在易燃易爆的环境下操作仪器。

(4) 请保持产品的清洁和干燥，避免灰尘或空气中水分影响仪器性能。

(5) 每年至少更换一次电池。设备长期不使用时，应取出电池。

(6) 绝缘杆首次使用前应做耐压试验。

(7) 绝缘杆应每年进行一次耐压试验。绝缘杆第一节上端有 350mm 内置天线，不能进行耐压试验。内置天线与杆壁外绝缘耐压为 15kV。

第11章 脚 扣 使 用

脚扣是架空线路工作人员登高作业时攀登电杆的工具，一般采用高强无缝钢管经过热处理制作而成。具有重量轻、强度高、韧性好、安全可靠、携带方便等优点。

11.1 分 类

脚扣分水泥杆脚扣和木杆脚扣。脚扣由近似半圆形的电杆套扣和带有皮带脚扣环的脚登板组成，半圆形电杆套扣内有橡胶条。水泥杆脚扣如图 11-1 所示，木杆脚扣如图 11-2 所示。水泥杆脚扣分定距和变距（伸缩多用）脚扣，一般型号有 JK-T-250（6～8m）、JK-T-300（6～10m）、JK-T-350（8～12m）、JK-T-400（10～15m）、JK-T-450（12～18m）、JK-T-500（15～20m）等。

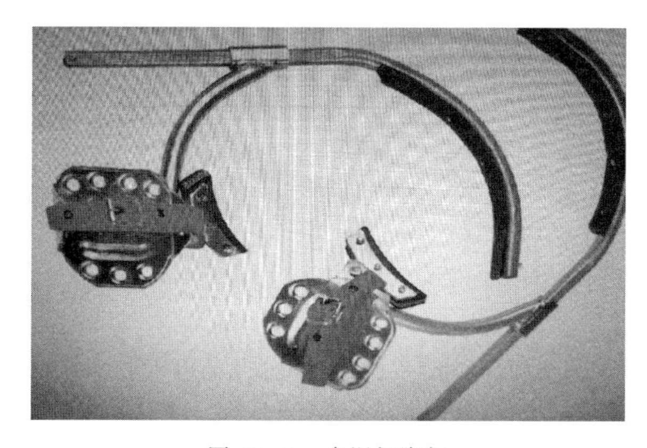

图 11-1 水泥杆脚扣

图 11-2 木杆脚扣

11.2 使用方法和注意事项

11.2.1 登杆前检查

（1）按电杆的规格选择大小合适的脚扣。

（2）检查脚扣是否有试验合格标志，是否在试验合格周期内，严禁使用无试验合格标志及超试验周期的脚扣。

（3）检查脚扣金属部件及焊缝无任何裂纹及可目测到的变形；检查所有螺丝是否齐全，橡胶防滑条完好，无破损；脚扣皮带良好无霉变，无破损；小爪连接牢固，活动灵活；活动钩在扣体内滑动灵活、无卡阻现象。

（4）安全带应在检验合格期内，组件完整、无短缺、无伤残破损，保险装置完好。

（5）检查杆根是否牢固，埋深是否合格，杆身是否有纵向裂纹，横向裂纹是否符合要求。

11.2.2 现场试验和使用

（1）着装符合要求，系好安全带。

（2）穿脚扣时，脚扣带的松紧合适，防止脚扣在脚上转动或滑落。

（3）根据电杆的粗细调节脚扣活动钩大小，使脚扣牢靠地扣在离地面 30mm 左右的电杆上，一脚悬起，一脚用最大力量猛踩，做人体冲击试验，看有无异常。用同样的方法对另一只脚扣进行冲击试验，看有无异常。

（4）将安全带绕过电杆，调节好合适的长度系好，扣环扣好，做好登杆准备。

（5）登杆时，应用两手掌上下扶住电杆，上身离开电杆，臀部向后下方坐，使上体成弓形。当左脚向上跨扣时，左手同时向上扶住电杆；右脚向上跨扣时，右手同时向上扶住电杆，同时带上安全带。

（6）在左脚蹬实后，用力往下蹬，使脚扣与电杆扣牢，再开始移动身体，身体重心移至左脚上，右脚才可抬起，再向上移动一步，手才可随着向上移动，两手脚配合要协调。

（7）登杆时，步幅不要太大，上方脚弯曲后，大腿与小腿间夹角不要小于 90°。

（8）如登拔梢杆，应注意适当调整脚扣。若要调整左脚扣，应左手扶住电杆用右手调整，调整右脚扣与其相反。

（9）快到杆顶时，要注意防止横担碰头。

（10）下杆时，一步一步往下移，注意身体平衡，动作舒缓。

11.2.3 注意事项

（1）6 级以上大风或雷雨时，禁止登杆。

（2）杆上作业时，不应摘除脚扣，同时安全带可靠受力。

（3）系好安全带后，必须检查扣环是否扣牢。杆上作业转位时，不得失去安全带保护，安全带必须系在牢固的构件或电杆上。应防止安全带从杆顶脱出或被锋利物割伤。

（4）判断电杆是否有冰、雪、雨等造成的湿滑现象，及时进行防滑处理。

（5）清除鞋底污泥，防止鞋底打滑。

（6）现场人员应戴安全帽，杆下严禁无关人员逗留。

11.3 维护保养

脚扣的橡胶条和脚扣带保持清洁，不宜接触高温、明火、油和酸类物质；在挪动时禁止随意抛扔，应轻拿轻放，以免损坏脚扣；脏污后，可用肥皂水洗涤，用清水漂洗干净，然后放在通风透气的房间晾干；脚扣应放置干燥地点保存。

脚扣应每年定期进行试验，施加 1176N 静压力，持续时间 5min。每月进行一次外观检查。

第12章 登高板使用

12.1 登高板概述

登高板也称升降板，是架空线路工作人员登高作业时攀登电杆的工具，由质地坚韧的木板制作的脚踏板和吊绳组成，如图12-1所示。脚踏板表面刻有防滑斜纹；吊绳一般采用直径为16mm优质棕绳或16mm锦纶绳制作，呈三角形，上端固定有金属挂钩，下端两头固定在脚踏板上。常用规格有630mm×75mm×25mm（厚）或640mm×80mm×25mm（厚）。

图12-1 登高板

12.2 使用方法和注意事项

12.2.1 登杆前检查

（1）检查登高板是否有试验合格标志，是否在试验合格周期内，严禁使用无试验合格标志及超试验周期的登高板。

（2）登高板使用前，要检查踏板、钩子不得有裂纹和变形，心形环完整，绳索无断股或霉变；绳扣接头每绳股连续插花应不少于4道，绳扣与踏板间应套接紧密。

（3）安全带应在检验合格期内，组件完整、无短缺、无伤残破损，保险装置完好。

（4）检查杆根应牢固，埋深合格，杆身无纵向裂纹，横向裂纹符合要求。

12.2.2 现场试验和使用

（1）着装符合要求，系好安全带。

（2）登杆前，应先将踏板钩挂好，使踏板离地面15～20cm，用人体做冲击载荷试验，检查踏板有无下滑、是否可靠，判断登高板是否有变形和损伤。

（3）登杆时将一只登高板背在身上，钩子在人体前面，木板在背面，左手握住另一只登高板的绳钩，从电杆背面适当位置绕到正面，右手握住钩子并将钩子朝上挂稳。踏板挂钩时必须正钩，钩口向外、向上，切勿反钩，以免造成脱钩事故。右手收紧围杆绳子并抓紧上板两根绳子，左手压紧踏板左侧端部，右脚登上板，左脚上板绞紧左边绳。第二板从电杆背面绕到正面并将钩子朝上挂稳，右手收紧围杆绳子并抓紧上板两根绳子，左手压紧踏板左侧端部，右脚登上板，左脚蹬在杆上，蹬在下板绳钩下面防下板掉下，侧身，左手握住下板钩下吊绳，松钩拿上下板，右腿右手用力并控制好上板，把人的重心移到上板，左脚上板绞紧左边绳，依次交替进行完成登杆工作。

（4）下杆时先把上板取下，钩口朝上，在大腿部对应杆身上挂板，右手握上板绳，抽出左腿蹬在电杆上，侧身，左手在下板挂钩100mm左右处握住绳子，左右摇动使其围杆下落，右腿膝肘部挂紧绳子并向外顶出，上板靠近左大腿。围杆下落同时左脚下滑至适当位置蹬杆，定住下板绳，钩口朝上，左脚始终在围杆钩的下面，防止登高板滑落并控制杆的高度，左手松开握住上板左边绳，右手握右边绳，双手下滑，上身挺出，同时右脚下上板、踩下板，左脚踩下板并用左腿绞紧左边绳，左手扶杆，右手握住上板，向上晃动松下上板，挂下板，依次交替进行完成下杆。登高板登杆示意如图12－2所示。

图12－2　登高板登杆示意图

12.2.3　注意事项

（1）6级以上大风或雷雨时，禁止登杆。

（2）系好安全带后，必须检查扣环是否扣牢。杆上作业转位时，不得失去安全带保护，安全带必须系在牢固的构件或电杆上。应防止安全带从杆顶脱出或被锋利物割伤。

（3）为了保证在杆上作业时身体平稳，不使踏板摇晃，站立时两腿前掌内侧应夹紧电杆。

（4）注意电杆是否有冰、雪、雨等造成的湿滑现象，有湿滑现象及时进行防滑处理。

（5）清除鞋底污泥，防止鞋底打滑。

（6）现场人员应戴安全帽，杆下严禁无关人员逗留。

12.3 维护保养

登高板不宜接触120℃以上的高温、明火、酸类等化学物质及有锐角的坚硬物体。脏污后，可用肥皂水洗涤，用清水漂洗干净，然后放在通风透气的房间晾干；不能使用漂白剂或洗涤剂；不能用温度高的热水清洗或放在日光下曝晒、火烤。使用后应存放在干燥、清洁的工具架上或吊挂，不得接触潮湿的墙面或放在潮湿的地面上。金属部分用涂有凡士林油的布擦拭。禁止随意抛扔，应轻拿轻放，以免损坏登高板。

登高板应每半年定期进行试验，施加2205N静压力，持续时间5min。每月进行一次外观检查。

第13章 梯 子 使 用

电工用梯子一般由两根长粗杆子（绳）做边，中间横穿短的适合攀爬的横杆组成，是由木料、竹料、绝缘材料、铝合金等材料制作的登高作业工具。

13.1 结构和类型

常用的梯子有直（靠）梯和人字梯两种，除此之外还有软梯和挂梯。图13-1所示为软梯，图13-2所示为直梯，图13-3所示为人字梯，图13-4所示为挂梯。

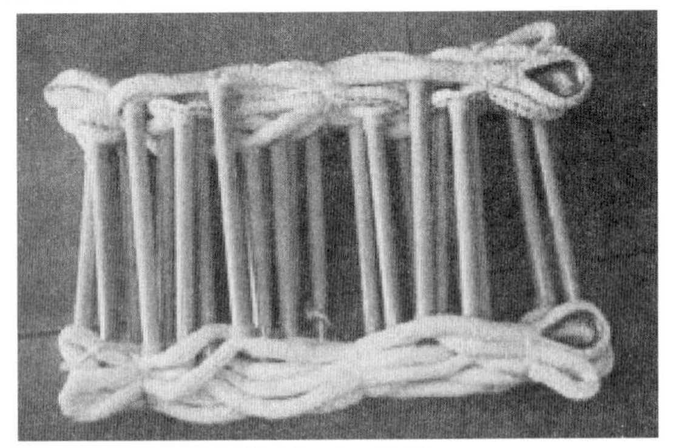

图13-1 软梯

图13-2 直梯

图 13-3　人字梯

图 13-4　挂梯

13.2　使用方法和注意事项

13.2.1　使用前检查

(1) 检查梯子是否有试验合格标志，是否在试验合格周期内，严禁使用无试验合格标志及超试验周期的梯子。

(2) 检查梯子构件是否牢固，有无损坏；人字梯顶部铁件螺栓连接是否紧固良好，限制张开的拉链是否牢固。

(3) 梯子根部应有防滑措施，距梯子顶部 1m 处有限高标志。

13.2.2　梯子使用

(1) 梯子放置应牢靠、平稳，不得架在不牢靠的支撑物和墙上，梯子与地面的夹角应为 60°左右。人字梯应注意梯子与地面的夹角，适宜的角度范围同直梯，即人字梯在地面张开的距离应等于直梯与墙间距离范围的两倍。人字梯放好后，要检查四只脚是否都稳定着地，人字梯应有限制开度装置。梯子使用前应先进行试登，确认可靠后方可使用。

(2) 靠在管子上、导线上使用梯子时，其上端需用挂钩挂住或用绳索绑牢。

(3) 在通道上使用梯子时，应设监护人或设置临时围栏。梯子不准放在门前使用，必要时应采取防止门突然开启的措施。

(4) 工作人员在梯子上部作业，应设有专人扶梯和监护。同一梯子上不得有两人同时工作，严禁带人移动梯子。严禁上下抛递工具、材料。

(5) 使用软梯、挂梯作业或用梯头进行移动作业时，软梯、挂梯或梯头上只准一人工作。作业人员到达梯头上进行工作和梯头开始移动前，应将梯头的封口可靠封闭，否则应使用保护绳防止梯头脱钩。登软梯示意如图 13－5 所示。

图 13－5　登软梯示意图

(6) 工作人员在直梯上作业时，人员必须登在不得超过 1m 限高标志的梯蹬上工作，且用脚勾住梯子的横档，确保站立稳当。在人字梯上作业，不得站在人字梯的最上面一挡工作，站在人字梯的单面上工作时，也要用脚勾住梯子的横挡。

(7) 在变电站高压设备区或高压室内应使用绝缘材料的梯子，禁止使用金属梯子。搬动梯子时应放倒两人搬运，并与带电部分保持安全距离。

13.2.3　注意事项

(1) 梯子应能承受作业人员及所携带的工具、材料的总重量。

(2) 梯子不宜绑接使用，人字梯应有限制开度的措施。

(3) 梯子梯阶的距离不应大于 40cm。

13.3　维　护　保　养

木梯和竹梯不宜曝晒，注意防蛀；软梯不宜接触高温、明火、酸类等化学物质及有锐角的坚硬物体。脏污后，可用肥皂水洗涤，用清水漂洗干净，然后放在通风透气的房间晾干；梯子应放置干燥地点保存。

梯子应每半年定期进行试验，木（竹）梯子施加1765N静压力，持续时间5min；软梯、挂梯施加4900N静压力，持续时间5min。

梯子每月进行一次外观检查，每次使用前进行外观检查。

第14章　安全带使用

安全带是高空作业时防止发生高空坠落的重要安全用具。在架空线路杆、塔上和变电站户外构架上进行安装、检修、施工时，为防止作业人员从高空摔跌，必须用安全带予以防护，否则属于违章作业，非常可能出事故。

14.1　结构和类型

安全带由护腰带、肩带、腿带、胸带、围杆带或围杆绳、安全绳、金属配件等组成。根据安全带的性能要求，安全带和绳必须要用锦纶、维纶、蚕丝等原料编织而成，因其具有强度大、耐磨损、耐虫蛀、耐碱、老化慢的特点，并有较好的延伸性、回弹性，是制作安全带的理想材料；电工围杆带可用牛皮带（现基本不用）；金属配件用碳素钢或铝合金；包裹绳子用牛皮、人造革、维纶或橡胶。

安全带按结构分为单腰带式（又称围杆式，图14-1）、双背带式（又称半身式，图14-2）、攀登式（又称全身式，图14-3）。按使用方式分为围杆安全带和悬挂、攀登安全带两类。

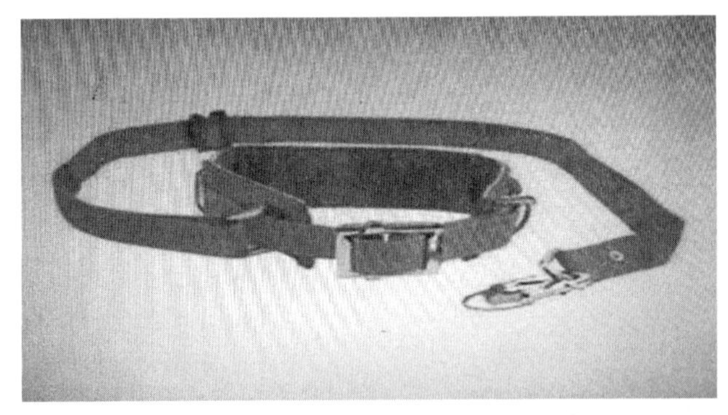

图14-1　单腰带式（围杆式）安全带

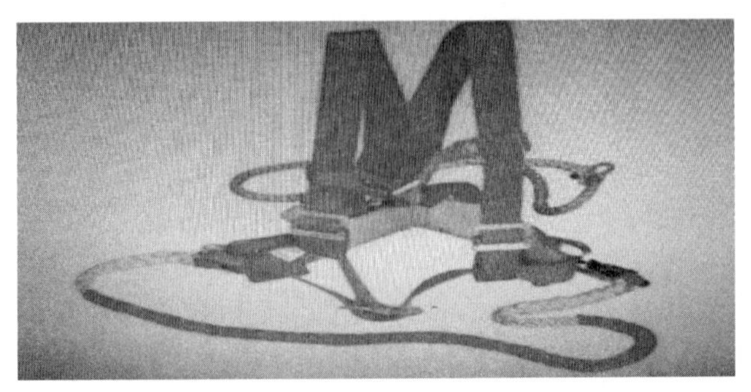

图14-2　双背带式（半身式）安全带

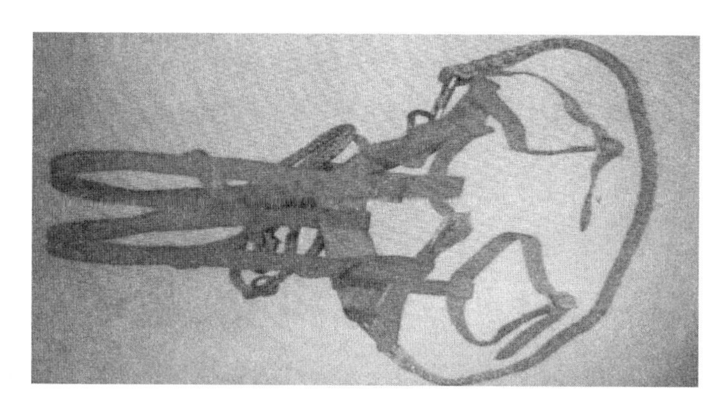

图 14－3　攀登式（全身式）安全带

14.2　使用方法和注意事项

14.2.1　现场使用前检查

（1）检查安全带是否有试验合格标志和是否在试验合格周期内，严禁使用无试验合格标志及超试验周期的安全带。

（2）检查组件是否完整、无短缺、无伤残破损，绳索、编带是否无脆裂、断股和扭结。

（3）检查金属配件是否无裂纹、焊接无缺陷、无严重锈蚀，挂钩的钩舌咬口是否平整不错位，保险装置是否完整可靠，铆钉是否无明显偏位、表面平整。

14.2.2　安全带穿戴

1. 单腰带式安全带

单腰带式安全带穿戴法如图 14－4 所示。穿戴方法如下：

（1）左手握住扎紧扣，右手将安全带绕过身体，定位在腰部位置，切勿扭曲带子。

（2）左手握住扎紧扣，用大拇指和食指将扎紧扣上的活动夹板推向扎紧扣前端，右手将安全带的另一端穿过活动夹板上的槽口，收紧安全带至紧贴程度。将活动夹板向后拉，用右手将安全带的带尾穿过活动夹板前方的槽口并收紧。

（3）将安全带带尾穿过橡胶扣并拉直。

（4）通过调节安全带上的扎紧扣及其他调整装置，使其合身紧贴，不能太紧或太松。

（5）安全带须系在腰部。

2. 双背带式安全带

双背带式安全带穿戴法如图 14－5 所示。穿戴方法如下：

（1）双手抓住安全带的两根肩带，越过头顶，将肩带安置在左、右肩膀上。

（2）左手握住扎紧带，右手握住带尾，分别穿过左、右两根肩带的带环中。

（3）用左手的大拇指和食指将扎紧扣上的活动夹板推向扎紧扣前端，右手将安全带的另一端穿过活动夹板上的槽口，收紧安全带至紧贴程度。将活动夹板向后拉，用右手将安

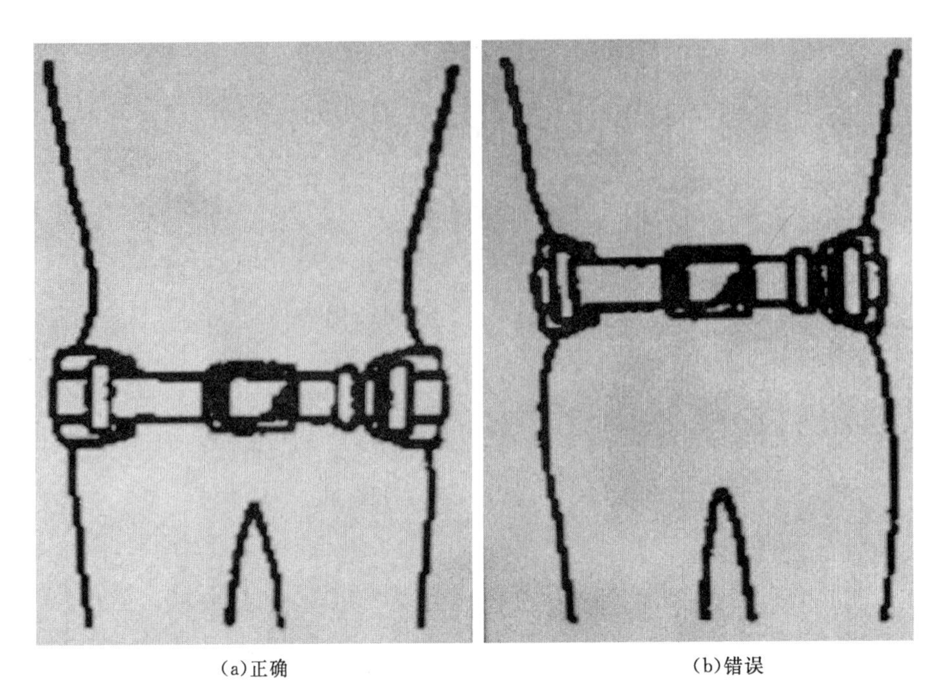

(a)正确　　(b)错误

图 14-4　单腰带式安全带穿戴法

全带的带尾穿过活动夹板前方的槽口收紧。

（4）将安全带带尾穿过橡胶扣并拉直。

（5）通过调节安全带上的扎紧扣及其他调整装置，使其合身紧贴，并穿着舒适。

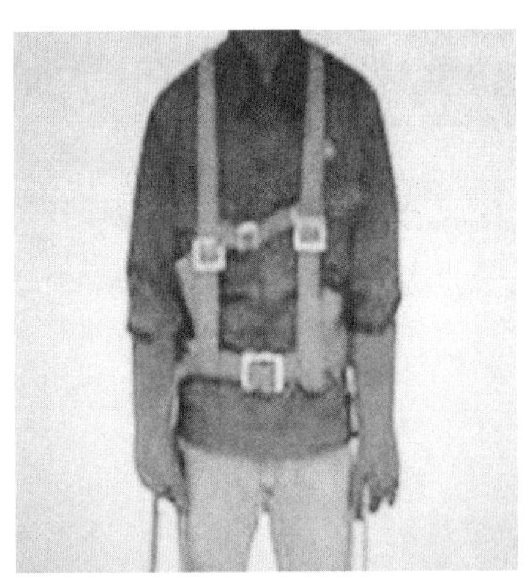

图 14-5　双背带式安全带穿戴法

3. 攀登式安全带

攀登式安全带穿戴步骤及正确穿戴法如图 14-6 和图 14-7 所示。

（1）找出背部 D 环，握住 D 环定位板调整理顺缠绕的带子。

（2）双手握住安全带的两根肩带，向上越过头顶，将肩带安置在左、右肩膀上，手臂穿过肩带［图 14-6（a）］。

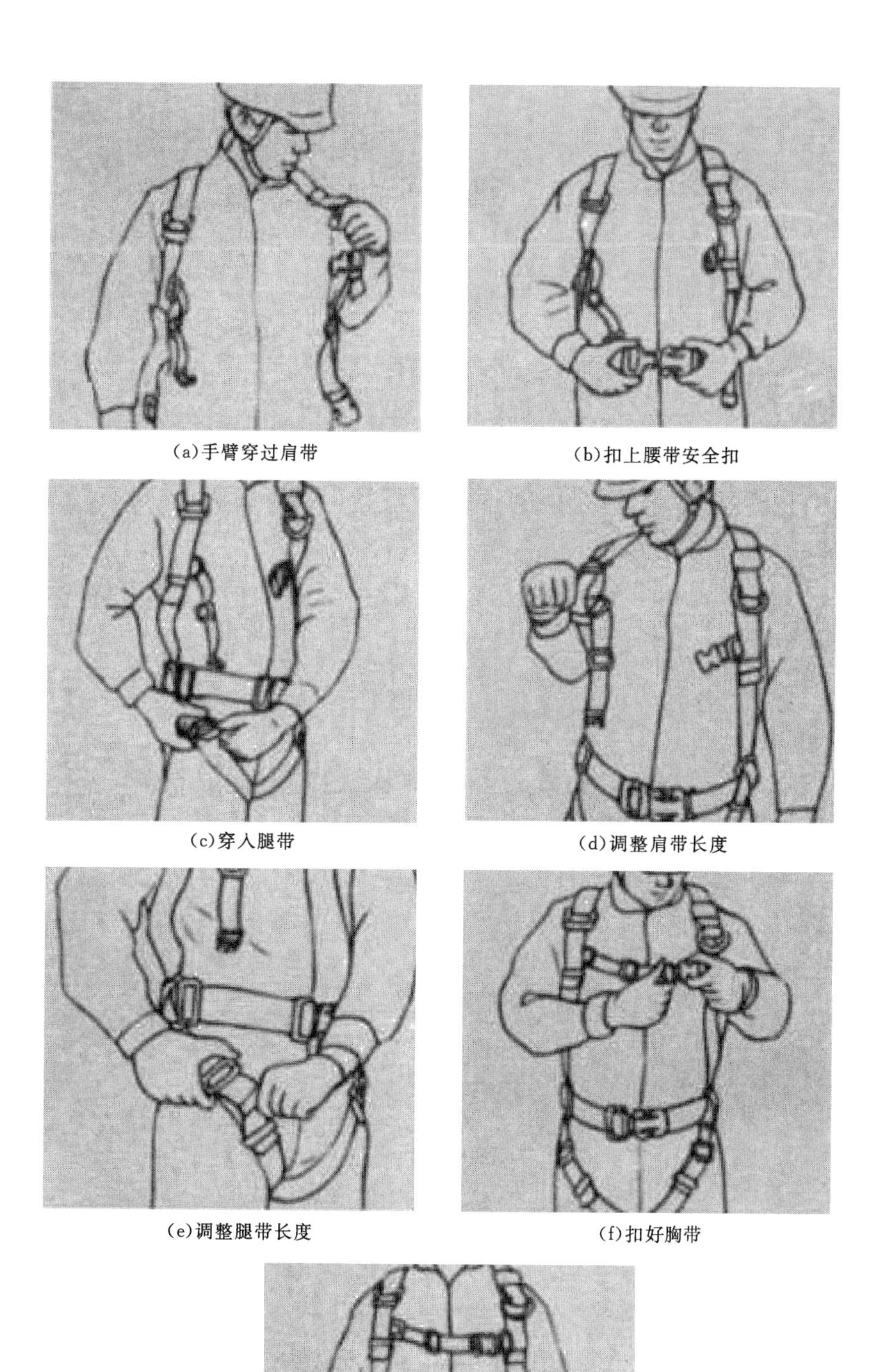

(a)手臂穿过肩带

(b)扣上腰带安全扣

(c)穿入腿带

(d)调整肩带长度

(e)调整腿带长度

(f)扣好胸带

(g)穿戴完成

图 14－6　攀登式安全带穿戴步骤

（3）扣上腰带安全扣［图 14－6（b）］。

（4）将腿带定位于臀部与大腿折痕处，左手握住腿带右侧的日字扣，从两脚之间拉引向上，切勿扭曲带子，使其完全正确地扣在右侧与其配套的日字扣里。重复以上动作，扣好左侧的扣环［图 14－6（c）］。

（5）调整肩带长度［图 14－6（d）］。

（6）调整腿带长度［图 14－6（e）］。

（7）扣好胸带［图 14－6（f）］。

（8）通过调节安全带上的扎紧扣及其调整装置，使其合身紧身，穿戴完成［图 14－6（g）］。

图 14－7　攀登式安全带正确穿戴法

14.2.3　注意事项

（1）安全带的保险带、绳使用长度在 3m 以上的应加缓冲器。

（2）安全带的挂钩或绳子应挂在结实牢固的构件或专为挂安全带用的钢丝绳上，并应采用高挂低用的方式，禁止采用低挂高用的方式。

（3）禁止系挂在移动或不牢固的物件上，如隔离开关支持绝缘子、瓷横担、未经固定的转动横担、线路支柱绝缘子、避雷器支柱绝缘子等。

（4）不得系在棱角锋利处。

（5）在杆塔上工作时，应将安全带后备保护绳系在安全牢固的构件上（带电作业视其具体任务决定是否系后备安全绳），不得失去后备保护。

14.3 选购及维护保养

14.3.1 安全带选购的基本原则

首先必须保证安全性，其次才是舒适性。使用者必须了解其工作场所内存在的坠落风险，根据自身的工作需要来选择合适的安全带。

合格安全带应具备的要素：安全带的标示由永久性标示和使用说明书组成。永久性标示应缝制在主带上，内容包括：产品名称、型号、标准号、制造商名称、材料、生产日期。使用说明书应随安全带包装提供给使用者，其内容应包括：安全带使用、检查方法，使用注意事项，清洁、储存、维护方法，生产商名称、地址、联系电话等。

14.3.2 维护保养

安全带使用期一般为3～5年，发现以下异常情况应提前报废：

(1) 织带（含保护套）严重磨损、穿孔、切口撕裂。

(2) 承载接缝绽开，缝线磨断。

(3) 吊带纤维软化、老化、弹性变小、强度减弱。

(4) 纤维表面霉烂损坏。

(5) 酸碱烧损或高温烧焦烧坏。

(6) 金属配件变形或损坏。

安全带不宜接触120℃以上的高温、明火、酸类等化学物质及有锐角的坚硬物体。脏污后，可浸入低温水中用肥皂水轻擦漂洗干净，用干布擦拭，然后放在通风透气的房间晾干，不能使用漂白剂或洗涤剂，不能用温度高的热水清洗或放在日光下曝晒、火烤。使用后应存放在干燥、清洁的工具架上或吊挂，不得接触潮湿的墙面或放在潮湿的地面上。金属部分用涂有凡士林油的布擦拭。

安全带应按规定每年定期进行试验，其中牛皮带试验周期为半年。围杆带、围杆绳、安全绳试验静拉力2205N，护腰带1470N，载荷时间5min。每月进行一次外观检查。

第15章　绳　索　使　用

15.1　专　业　术　语

绳索在电力行业用于吊装和起重作业。麻绳用作吊绳、拦风绳，灵活使用各种绳结吊装不同种类的物件；绝缘绳用于架空线路带电作业的专业绝缘绳索，适于较轻物件的吊装作业；钢丝绳主要用于吊装重物、机械牵引之用，常用于立杆、紧线等起重作业。

15.2　分　　类

15.2.1　麻绳

麻绳是由抗拉耐磨、不易腐蚀的剑麻等高级麻的茎纤维制成的，如图 15－1 所示。麻绳具有质地柔韧、轻便、易于捆绑、结扣及解脱方便等优点，常用于杆上作业，起吊较轻的物件；绑扎固定构件或抬吊物件；当吊起构件或重物时，用以拉紧被吊物，当作溜绳用，以保持被吊物件的稳定，防止碰撞和晃动，有利于就位。

图 15－1　麻绳

15.2.2　绝缘绳

绝缘绳主要有蚕丝绳（图 15－2）和尼龙绳（图 15－3），用于架空配电线路带电作业。蚕丝绳是由家蚕丝纤维编织而成的；尼龙绳的电气强度和机械强度比较高。

图 15-2　蚕丝绳

图 15-3　尼龙绳

15.2.3　钢丝绳

钢丝绳是由细钢丝捻绕成股，再由 6 股加 1 根油浸绳芯捻绕而成的，如图 15-4 所示。钢丝绳具有强度高、自重轻、工作平稳、不易骤然整根折断、工作可靠等优点，主要用于吊装重物、机械牵引、拉紧和承载之用。在电力作业中常用于起吊配电变压器、立杆、紧线等。

图 15-4　钢丝绳

15.3　使用方法和注意事项

15.3.1　麻绳

(1) 麻绳只适用于设置吊装工具及轻便物件的移动和起吊，或用作吊装物件的手拉溜绳，在机械驱动的起重机具中不得使用。

（2）麻绳使用前应认真检查，当表面均匀磨损不超过直径的30%，局部触伤不超过同断面直径的10%时，可按直径缩减程度折合降低使用。局部触伤和局部腐蚀严重的，可截去受损部分插接使用。

（3）麻绳不得向一个方向连续扭转，以免松散或扭劲。发现上述现象时，应及时消除。

（4）麻绳使用中，严禁与锐利的物体直接接触，如无法避免时应垫以保护物。

（5）麻绳不得与酸、碱等腐蚀性介质接触。

（6）麻绳应存放在通风干燥的地方，不得受热受潮。

（7）麻绳使用于滑车组时，滑轮的直径应大于麻绳直径的10倍，其绳槽半径应大于麻绳半径的1/4。

（8）麻绳开卷时，应先把麻绳卷平放在地上，将有绳头的一面放底下，从卷内拉出绳头。

（9）麻绳切断后，其断口要用细铁丝或麻绳扎紧，防止断头松散。

15.3.2 绝缘绳

（1）绝缘绳使用前应先检查是否受损、断裂、破损、受潮、霉变，一经发现，应停止使用。

（2）绝缘绳只适用于吊装工具及轻便物件的移动和起吊。

（3）绝缘绳使用中，严禁与锐利的物体直接接触，如无法避免时应垫以保护物。

（4）绝缘绳不得与酸、碱等腐蚀性介质接触。

（5）户外作业时，不得随意将绝缘绳放置在地上，应将其放置在防潮垫上，防止受潮霉变。

（6）每股绝缘绳索及每股线均应紧密绞合，不得有松散、分股的现象。

（7）绳索各股中丝线均不应有叠痕、凸起、压伤、背股、抽筋等缺陷。

（8）接头应单根丝线连接，不允许有绳股接头。单丝接头应封闭在绳股内部，不得露在外面。

（9）股绳的股线捻距及纬线在全长上应该均匀。

（10）彩色绝缘绳索应色彩均匀一致。

（11）经防潮处理后的绝缘绳索表面应无油渍、污迹、脱皮等。

15.3.3 钢丝绳

（1）钢丝绳在使用过程中必须经常检查其强度，一般至少6个月就必须进行一次全面检查或做强度试验。

（2）起重机械的启动和制动过程中必须平稳，严防起重钢丝绳承受过大的冲击动荷载。

（3）钢丝绳穿过滑轮时，严禁使用轮缘已破损的滑轮，通过滑轮及卷筒的钢丝绳不得有接头。

(4) 钢丝绳端部和吊钩、卡环连接，应该利用钢丝绳固接零件或使用插接绳套，不得用打结绳扣的方法来连接。

(5) 工作中若发现钢丝绳股缝间有大量的油挤出，这是钢丝绳破断的前兆，应立即停吊，查明原因。

(6) 工作中的钢丝绳，不得与其他物体相摩擦，特别是带棱角的金属物体；着地的钢丝绳应用垫板或滚轮托起。

(7) 钢丝绳用作临时拉线时，地锚上最多不得超过2根，且不得固定在有可能移动或其他不可靠的物体上。

(8) 插接的环绳或绳套，其插接长度应不小于钢丝绳直径的15倍，且不得小于300mm。新插接的钢丝绳套应做125%容许负荷的抽样试验。

遇有下列情况之一应予以报废：

(1) 钢丝绳在一个节距中有表15-1中的断丝根数。

表15-1　钢丝绳断丝根数

最初的安全系数	钢丝绳结构							
	6×19+1		6×37+1		6×61+1		18×19+1	
	1个节距中的断丝数/根							
	逆捻	顺捻	逆捻	顺捻	逆捻	顺捻	逆捻	顺捻
<6	12	6	22	11	36	18	36	18
6～7	14	7	26	13	38	19	38	19
>7	16	8	30	15	40	20	40	20

注　1个节距是指每股钢丝绳藏绕1周的轴向距离。

(2) 钢丝绳的钢丝磨损或腐蚀达到钢丝绳实际直径比公称直径减少7%或者更多。

(3) 钢丝绳受过严重退火或局部电弧烧伤。

(4) 绳芯损坏或绳股挤出。

(5) 笼状畸形、严重扭结或弯折。

(6) 钢丝绳压扁变形及表面起毛刺严重。

(7) 钢丝绳断丝数量不多，但断丝增加很快。

15.4 维护保养

(1) 麻绳要存放在干燥和通风良好的地方，不能受潮或受热源烘烤。

(2) 绝缘绳应在具有良好通风防尘设备的室内生产，不得沾染油污及其他污染。

(3) 绝缘绳应放在通风、干燥的库房，放置在货架或者底架上，与地面隔空20cm。

(4) 钢丝绳在使用一段时间后，必须加润滑油，一方面，可以防止钢丝绳生锈；另一方面，钢丝绳在使用过程中，它的每股子绳之间同一股中的钢丝与钢丝间都会相互产生滑动摩擦，特别是在钢丝绳受弯曲力时，这种摩擦更加激烈，加润滑油后可以减少摩擦。

(5) 钢丝绳存放时，要将钢丝绳上的脏物清洗干净后上好润滑油，再盘绕好，存放在干燥的地方，在钢丝绳的下面垫以木板或枕木，必须定期进行检查。

15.5 应 用 实 例

钢丝绳一般为6×19、6×37、6×61等3种。6×37是指6股，每股又有37根细钢丝组成。6×19钢丝绳用作缆风绳、拉索及制作起重索具，一般用于受弯曲载荷较小或遭受磨损的地方；6×37钢丝绳用于起重作业中捆扎各种物件、设备及穿绕滑车组和制作起重用索具；6×61钢丝绳用于绑扎各类物件，刚性较小，易于弯曲，用于受力不大的地方。

钢丝绳使用时应满足安全拉力。钢丝绳安全拉力计算公式为

$$F=\frac{AF_1}{K} \tag{15-1}$$

$$F_1=500d^2 \tag{15-2}$$

式中 F——钢丝绳的安全拉力，N；

F_1——钢丝绳的钢丝破断拉力总和，N；

d——钢丝绳直径，mm；

A——换算系数，按钢丝绳破断拉力换算系数表（表15-2）取用；

K——钢丝绳的安全系数，按钢丝绳安全系数表（表15-3）取用。

表15-2 钢丝绳破断拉力换算系数表

钢丝绳结构	换算系数
6×19	0.85
6×37	0.82
6×61	0.80

表15-3 钢丝绳安全系数表

用途	安全系数	用途	安全系数
用作缆风绳、拖拉绳	3.5	用做吊索（无弯曲）	6～7
人力驱动起重设备	4.5	用做捆绑吊索	8～10
机械驱动起重设备	5～6	用做载人升降机	14

钢丝绳安全拉力的估算如下：

工作现场一般缺少图表资料，同时也不要求精确计算，此时的估算公式为（仅为数据估算用，非规范公式）

钢丝绳安全拉力＝破断力/安全系数＝500×钢丝直径的平方/安全系数

即

$$F=\frac{F_1}{K}=\frac{500d^2}{K} \tag{15-3}$$

式中 F——钢丝绳安全拉力，N；

F_1——钢丝绳的钢丝破断拉力总和，N；

d——钢丝绳直径，mm；

K——钢丝绳的安全系数，按表 15－3 取用。

实例：若有一钢丝绳用于缆风，已知 d＝12.5mm，其安全拉力为

$$F=500\times12.5^2/K=500\times12.5\times12.5/3.5=22320\ (N)$$

附录A　配电线路专业实际操作项目评分标准

A.1　万用表的使用

<table>
<tr><td colspan="2">考试项目</td><td colspan="3">万用表的使用</td><td>适应等级：初级工</td><td>成绩</td><td></td></tr>
<tr><td colspan="2">操作时间</td><td colspan="3">时　　分至　　时　　分</td><td>累计用时</td><td colspan="2">分</td></tr>
<tr><td colspan="8">评　分　标　准</td></tr>
<tr><td colspan="2">项目及序号</td><td>分项</td><td>质量要求</td><td>分值</td><td>评分标准</td><td>扣分</td><td>扣分理由</td></tr>
<tr><td rowspan="2">准备工作</td><td>1</td><td>选择、检查工器具</td><td>工器具应齐全，正确检查工器具</td><td>5</td><td>工器具选错，扣3分；漏、错选、中途补充更换，1项扣1分；漏检，1项扣2分，扣完为止</td><td></td><td></td></tr>
<tr><td>2</td><td>着装情况</td><td>正确穿戴工作服、工作鞋、安全帽等</td><td>5</td><td>不按规定着装，1项扣1～2分</td><td></td><td></td></tr>
<tr><td rowspan="3">工作过程</td><td>3</td><td>测量直流电压</td><td>（1）估计被测量电压数值，转换开关转向“V”处的适当挡位。
（2）红表笔插入“+”孔内，黑表笔插入“-”孔内，黑表笔触及电源负极，红表笔触及电源正极。
（3）测量、读数、数值测量准确。
（4）测量中不得转换挡位。
（5）测量完毕，旋钮放在交流电压最大挡位或“OFF”挡</td><td>20</td><td>（1）转换开关选择挡位不对，扣5分。
（2）未区分黑、红表笔，扣5分。
（3）数值测量不准确，扣5分。
（4）测量中转换挡位，扣5分。
（5）未放在交流电压最大挡位或“OFF”挡，扣5分</td><td></td><td></td></tr>
<tr><td>4</td><td>测量交流电压</td><td>（1）估计被测量电压数值，转换开关转向“V”处的适当挡位。
（2）测量、读数。数值测量准确（测 AB、BC、CA、AO、BO、CO）。
（3）测量中不得转换挡位。
（4）测量完毕，旋钮放在交流电压最大挡位或“OFF”挡</td><td>20</td><td>（1）转换开关选择挡位不对，扣5分。
（2）数值测量不准确，扣5分。
（3）测量中转换挡位，扣5分。
（4）未放在交流电压最大挡位或“OFF”挡，扣5分</td><td></td><td></td></tr>
<tr><td>5</td><td>测量直流电流</td><td>（1）估计被测值，转换开关转向“mA”或“μA”的适当挡位。</td><td>20</td><td>（1）转换开关选择挡位不对，扣5分。
（2）串入错误，扣5分。</td><td></td><td></td></tr>
</table>

续表

项目及序号		分项	质量要求	分值	评分标准	扣分	扣分理由
工作过程	5	测量直流电流	（2）万用表串入电路，红表笔插入“+”孔内，黑表笔插入“-”孔内，红表笔接断开点的正极性端，黑表笔接另一端。 （3）测量、读数。数值测量准确。 （4）测量中不得转换挡位。 （5）测量完毕，旋钮放在交流电压最大挡位或“OFF”挡	20	（3）数值测量不准确，扣5分。 （4）测量中换挡位或电阻带电测量，扣5分。 （5）未放在交流电压最大挡位或“OFF”挡，扣5分		
	6	测量电阻	（1）估计被测值，转换开关转向“Ω”处的适当挡位。 （2）两表笔短接，旋动调节钮进行调零，指针指在“0”位。 （3）测量、读数、数值测量准确。 （4）测量中不得转换挡位或电阻带电测量。 （5）测量完毕，旋钮放在交流电压最大挡位或“OFF”挡	20	（1）转换开关选择挡位不对，扣5分。 （2）串入错误，扣5分。 （3）数值测量不准确，扣5分。 （4）测量中换挡位或电阻带电测量，扣5分。 （5）未放在交流电压最大挡位或“OFF”挡，扣5分		
工作终结	7	安全文明生产	工作开始与结束均需向裁判报告；工作完毕后清理现场，交还工器具	10	开始或结束未主动向裁判报告，1次扣5分；未整理工器具，扣5分；未清理场地，扣5分		
操作时间	8	工作完成时间	标准用时30min		每超1min扣2分。超过8min终止考试		
其他扣分							
裁判签字							

注 如果评分标准中未列事宜出现，则由裁判酌情扣分。

A.2 钳形电流表的使用

考试项目	钳形电流表的使用	适应等级：初级工	成绩	
操作时间	时　　分至　　时　　分	累计用时	分	
评　分　标　准				

续表

项目及序号		分项	质量要求	分值	评分标准	扣分	扣分理由
准备工作	1	选择、检查工器具	工器具应齐全，正确检查工器具	5	工器具选错，扣3分；漏、错选、中途补充更换，1项扣1分；漏检，1项扣2分，扣完为止		
	2	着装情况	正确穿戴工作服、工作鞋、安全帽等	5	不按规定着装，1项扣1～2分		
工作过程	3	测量220V照明回路电流	（1）估计被测量电流数值，转换开关转向适当挡位。 （2）照明回路电流大于5A时直接测量；小于5A时把导线多绕几圈放进钳口测量。 （3）测量、读数、数值测量准确。 （4）测量中不得转换挡位。 （5）测量完毕，旋钮放在最大挡位或“OFF”挡	30	（1）转换开关选择挡位不对，扣5分。 （2）测量方法不对，扣10分。 （3）数值测量不准确，扣5分。 （4）测量中转换挡位，扣10分。 （5）未放在最大挡位或“OFF”档，扣5分		
	4	测量380V动力回路电流	（1）估计被测量电流数值，转换开关转向适当挡位。 （2）小于5A时把导线多绕几圈放进钳口测量。 （3）测量A、B、C相电流，读数，数值测量准确。 （4）测量中不得转换挡位。 （5）测量完毕，旋钮放在最大挡位或“OFF”挡	30	（1）转换开关选择挡位不对，扣5分。 （2）测量方法不对，扣10分。 （3）数值测量不准确，扣5分。 （4）测量中转换挡位，扣10分。 （5）未放在最大挡位或“OFF”挡，扣5分		
	5	安全事项	（1）戴绝缘手套。 （2）钳口必须钳在绝缘层的导线上，相间保持安全距离，防止短路。 （3）注意人体、头部与带电部分保持足够的安全距离	20	（1）未戴绝缘手套，扣5分。 （2）有可能导致短路的现象，扣5～10分。 （3）人体、头部与带电体安全距离不够扣10～15分。 （4）测量中转换挡位，扣5分。 （5）未放在交流电压最大挡位或“OFF”挡，扣5分		
工作终结及检查	6	安全文明生产	工作开始与结束均需向裁判报告；工作完毕后清理现场，交还工器具	10	开始或结束未主动向裁判报告，1次扣5分；未整理工器具，扣5分；未清理场地，扣5分		
操作时间	7	工作完成时间	标准用时30min		每超1min扣2分。超过8min终止考试		
其他扣分							
裁判签字							

注 如果评分标准中未列事宜出现，则由裁判酌情扣分。

A.3 低压电力电缆绝缘电阻测量

<table>
<tr><td colspan="2">考试项目</td><td colspan="3">低压电力电缆绝缘电阻测量</td><td>适应等级：初级工</td><td>成绩</td><td></td></tr>
<tr><td colspan="2">操作时间</td><td colspan="3">时　分至　时　分</td><td>累计用时</td><td colspan="2">分</td></tr>
<tr><td colspan="8">评　分　标　准</td></tr>
<tr><td colspan="2">项目及序号</td><td>分项</td><td>质量要求</td><td>分值</td><td>评分标准</td><td>扣分</td><td>扣分理由</td></tr>
<tr><td rowspan="2">准备工作</td><td>1</td><td>选择、检查工器具</td><td>工器具应齐全，正确检查工器具</td><td>5</td><td>工器具选错，扣3分；漏、错选、中途补充更换，1项扣1分；漏检，1项扣2分，扣完为止</td><td></td><td></td></tr>
<tr><td>2</td><td>着装情况</td><td>正确穿戴工作服、工作鞋、安全帽等</td><td>5</td><td>不按规定着装，1项扣1～2分</td><td></td><td></td></tr>
<tr><td>工作过程</td><td>3</td><td>测量电缆绝缘电阻</td><td>（1）电缆芯线端头接地放电。
（2）检查表计，空试，指针应指向“∞”，短接，指针应指向“0”。
（3）绝缘电阻测试仪“E”端可靠接地，“L”端接电缆芯线，“G”端接电缆壳芯之间的绝缘层。
（4）左手按住绝缘电阻测试仪，右手顺时针摇动摇把，逐渐加快到120r/min，稳定1min。测量、读数。
（5）测量读数完毕，继续摇动，然后断开测量接线，电缆对地放电</td><td>80</td><td>（1）未放电，扣10分。
（2）未检查测试，扣10分。
（3）接线错误，扣10分。
（4）转速不稳，扣10分；测量值不准确，扣10分。
（5）断开方法不当，扣10分；未放电，扣10分</td><td></td><td></td></tr>
<tr><td>工作终结</td><td>4</td><td>安全文明生产</td><td>工作开始与结束均需向裁判报告；工作完毕后清理现场，交还工器具</td><td>10</td><td>开始或结束未主动向裁判报告，1次扣5分；未整理工器具，扣5分；未清理场地，扣5分</td><td></td><td></td></tr>
<tr><td>操作时间</td><td>5</td><td>工作完成时间</td><td>标准用时20min</td><td></td><td>每超1min扣2分。超过8min终止考试</td><td></td><td></td></tr>
<tr><td colspan="2">其他扣分</td><td colspan="6"></td></tr>
<tr><td colspan="2">裁判签字</td><td colspan="6"></td></tr>
</table>

注　如果评分标准中未列事宜出现，则由裁判酌情扣分。

A.4 低压电容器绝缘电阻测量

考试项目		低压电容器绝缘电阻测量		适应等级：初级工	成绩	
操作时间		时　分至　时　分		累计用时	分	
评　分　标　准						
项目及序号		分项	质量要求	分值	评分标准	扣分	扣分理由
准备工作	1	选择、检查工器具	工器具应齐全，正确检查工器具	5	工器具选错，扣3分；漏、错选、中途补充更换，1项扣1分；漏检，1项扣2分，扣完为止		
	2	着装情况	正确穿戴工作服、工作鞋、安全帽等	5	不按规定着装，1项扣1～2分		
工作过程	3	测量电缆绝缘电阻	(1) 电容器放电。 (2) 检查表计，空试，指针应指向"∞"，短接，指针应指向"0"。 (3) 绝缘电阻测试仪"E"端可靠接地，"L"端先不连接引出端线，等待测量时触及。 (4) 左手按住绝缘电阻测试仪，右手顺时针摇动摇把，逐渐加快到120r/min，稳定1min。"L"端在测量时触及接线柱，测量、读数。 (5) 测量读数完毕，继续摇动，然后断开测量接线，电容器放电	80	(1) 未放电，扣10分。 (2) 未检查测试，扣10分。 (3) 接线错误，扣10分。 (4) 转速不稳，扣10分；测量值不准确，扣10分。 (5) 断开方法不当，扣10分；未放电，扣10分		
工作终结	4	安全文明生产	工作开始与结束均需向裁判报告；工作完毕后清理现场，交还工器具	10	开始或结束未主动向裁判报告，1次扣5分；未整理工器具，扣5分；未清理场地，扣5分		
操作时间	5	工作完成时间	标准用时30min		每超1min扣2分。超过8min终止考试		
其他扣分							
裁判签字							

注　如果评分标准中未列事宜出现，则由裁判酌情扣分。

A.5 低压电动机绝缘电阻测量

考试项目		低压电动机绝缘电阻测量		适应等级：初级工		成绩	
操作时间		时　分至　时　分		累计用时		分	
评　分　标　准							
项目及序号		分项	质量要求	分值	评分标准	扣分	扣分理由
准备工作	1	选择、检查工器具	工器具应齐全，正确检查工器具	5	工器具选错，扣3分；漏、错选、中途补充更换，1项扣1分；漏检，1项扣2分，扣完为止		
	2	着装情况	正确穿戴工作服、工作鞋、安全帽等	5	不按规定着装，1项扣1～2分		
工作过程	3	测量电缆绝缘电阻	（1）电动机引出线端头接地放电。 （2）检查表计，空试，指针应指向“∞”，短接，指针应指向“0”。 （3）绝缘电阻测试仪“E”端可靠接地，“L”端接电动机引出线。 （4）左手按住绝缘电阻测试仪，右手顺时针摇动摇把，逐渐加快到120r/min，稳定1min。测量、读数。 （5）测量读数完毕，继续摇动，然后断开测量接线，电动机引出线对地放电	80	（1）未放电，扣10分。 （2）未检查测试，扣10分。 （3）接线错误，扣10分。 （4）转速不稳，扣10分；测量值不准确，扣10分。 （5）断开方法不当，扣10分；未放电，扣10分		
工作终结	4	安全文明生产	工作开始与结束均需向裁判报告；工作完毕后清理现场，交还工器具	10	开始或结束未主动向裁判报告，1次扣5分；未整理工器具，扣5分；未清理场地，扣5分		
操作时间	5	工作完成时间	标准用时20min		每超1min扣2分。超过8min终止考试		
其他扣分							
裁判签字							

注　如果评分标准中未列事宜出现，则由裁判酌情扣分。

A.6 绝缘子绝缘电阻测量

<table>
<tr><td>考试项目</td><td colspan="2">绝缘子绝缘电阻测量</td><td colspan="2">适应等级：初级工</td><td colspan="2">成绩</td><td></td></tr>
<tr><td>操作时间</td><td colspan="2">时　分至　时　分</td><td colspan="2">累计用时</td><td colspan="3">分</td></tr>
<tr><td colspan="9">评　分　标　准</td></tr>
<tr><td colspan="2">项目及序号</td><td>分项</td><td>质量要求</td><td>分值</td><td>评分标准</td><td>扣分</td><td>扣分理由</td></tr>
<tr><td rowspan="2">准备工作</td><td>1</td><td>选择、检查工器具</td><td>工器具应齐全，正确检查工器具</td><td>5</td><td>工器具选错，扣3分；漏、错选、中途补充更换，1项扣1分；漏检，1项扣2分，扣完为止</td><td></td><td></td></tr>
<tr><td>2</td><td>着装情况</td><td>正确穿戴工作服、工作鞋、安全帽等</td><td>5</td><td>不按规定着装，1项扣1～2分</td><td></td><td></td></tr>
<tr><td>工作过程</td><td>3</td><td>测量电缆绝缘电阻</td><td>(1) 检查绝缘子是否完好，是否有裂纹，是否有放电痕迹。
(2) 检查表计，空试，指针应指向“∞”，短接，指针应指向“0”。
(3) 绝缘电阻测试仪“E”端可靠接地，“L”端接下端柱。
(4) 左手按住绝缘电阻测试仪，右手顺时针摇动摇把，逐渐加快到120r/min，稳定1min。测量、读数。
(5) 测量读数完毕，继续摇动，然后断开测量接线</td><td>80</td><td>(1) 未检查，扣10分。
(2) 未检查测试，扣10分。
(3) 接线错误，扣10分。
(4) 转速不稳，扣10分；测量值不准确，扣10分。
(5) 断开方法不当，扣10分</td><td></td><td></td></tr>
<tr><td>工作终结</td><td>4</td><td>安全文明生产</td><td>工作开始与结束均需向裁判报告；工作完毕后清理现场，交还工器具</td><td>10</td><td>开始或结束未主动向裁判报告，1次扣5分；未整理工器具，扣5分；未清理场地，扣5分</td><td></td><td></td></tr>
<tr><td>操作时间</td><td>5</td><td>工作完成时间</td><td>标准用时20min</td><td></td><td>每超1min扣2分。超过8min终止考试</td><td></td><td></td></tr>
<tr><td colspan="2">其他扣分</td><td colspan="6"></td></tr>
<tr><td colspan="2">裁判签字</td><td colspan="6"></td></tr>
</table>

注　如果评分标准中未列事宜出现，则由裁判酌情扣分。

A.7 变压器绝缘电阻测量

考试项目		变压器绝缘电阻测量			适应等级：中级工/高级工	成绩	
操作时间		时　分至　时　分			累计用时		分
评　分　标　准							
项目及序号		分项	质量要求	分值	评分标准	扣分	扣分理由
准备工作	1	选择、检查工器具	工器具应齐全，正确检查工器具	5	工器具选错，扣 3 分；漏、错选、中途补充更换，1 项扣 1 分；漏检，1 项扣 2 分，扣完为止		
	2	着装情况	正确穿戴工作服、工作鞋、安全帽等	5	不按规定着装，1 项扣 1～2 分		
	3	绝缘电阻测试仪使用前检查	(1) 检查绝缘电阻测试仪是否合格，且处在周期试验使用期内。 (2) 表计引线开路时，手摇绝缘电阻测试仪，速度由低到高，保持 120r/min 左右时，读数为“∞”。 (3) 表计引线短路时，缓慢摇动绝缘电阻测试仪，读数为“0”	10	(1) 没有试验合格标签或超周期，扣 2 分。 (2) 绝缘电阻测试仪未作开路、短路检查，扣 5 分；快速短接，扣 10 分		
工作过程	4	拆除引线，清理配电变压器绝缘套管	(1) 拆开引线前做好接线记号，拆除配电变压器高、低压侧引线，拆除引线过程做好保持套管螺栓稳定的措施。 (2) 配电变压器绝缘套管清理干净	15	(1) 未做好接线记号，扣 5 分；未做好保持套管螺丝稳定的措施，扣 5 分。 (2) 未对配变桩头进行清理或清理不干净，扣 5 分		
	5	测试高、低压侧绝缘电阻	(1) 测试高、低压侧绝缘电阻，接线正确。 (2) 手摇绝缘电阻测试仪转速均匀，保持 120r/min 左右。 (3) 读数稳定，记录数据；先拆测试线，再降低转速至 0。 (4) 测试完每个项目，对测试桩头都要进行充分放电	40	(1) 测试过程中，碰触测试导线或配电变压器，扣 10 分。 (2) 测试仪转速不稳读数，扣 5 分。 (3) 测试不熟练，姿势错误，扣 5 分。 (4) 接线错误，高压对高压、低压对低压摇测，扣 10 分。 (5) 未拆线，即停止绝缘电阻测试仪摇转，扣 5 分。 (6) 测试完未进行放电每次扣 5 分。 (7) 测试接地（配变外壳）理解错误，扣 5 分		
	6	恢复配变接线	核对记号、恢复接线，对接头表面进行清理，涂抹导电膏，紧固螺栓	5	(1) 未核对记号就接线，扣 5 分。 (2) 连接不可靠，扣 5 分		
	7	数据分析	(1) 数据记录完整。 (2) 试验结果能正确判断	10	(1) 数据不完整，每处扣 2 分。 (2) 未对数据分析进行判断的，扣 5～10 分。 (3) 数据分析判断不正确，扣 5 分		

续表

项目及序号		分项	质量要求	分值	评分标准	扣分	扣分理由
工作终结	8	安全文明生产	工作开始与结束均需向裁判报告；工作完毕后清理现场，交还工器具	10	开始或结束未主动向裁判报告，1次扣5分；未整理工器具，扣5分；未清理场地，扣5分		
操作时间	9	工作完成时间	标准用时30min		每超1min扣2分。超过8min终止考试		
其他扣分							
裁判签字							

注 如果评分标准中未列事宜出现，则由裁判酌情扣分。

A.8 架空线路绝缘电阻测量

考试项目		架空线路绝缘电阻测量			适应等级：中级工/高级工	成绩	
操作时间		时　　分至　　时　　分			累计用时	分	
评　分　标　准							
项目及序号		分项	质量要求	分值	评分标准	扣分	扣分理由
准备工作	1	选择、检查工器具	工器具应齐全，正确检查工器具	5	工器具选错，扣3分；漏、错选、中途补充更换，1项扣1分；漏检，1项扣2分，扣完为止		
	2	着装情况	正确穿戴工作服、工作鞋、安全帽等	5	不按规定着装，1项扣1～2分		
	3	绝缘电阻测试仪使用前检查	（1）检查绝缘电阻测试仪是否合格，且处在周期试验使用期内。 （2）表计引线开路时，手摇绝缘电阻测试仪，速度由低到高，保持120r/min左右时，读数为“∞”。 （3）表计引线短路时，缓慢摇动绝缘电阻测试仪，读数为“0”	10	（1）没有试验合格标签或超周期，扣2分。 （2）绝缘电阻测试仪未作开路、短路检查，扣5分；快速短接，扣10分		
工作过程	4	断开电气设备的电路	方法正确、安全，验明线路确无电压	10	未断电、验电，扣10分		
	5	测试架空线路绝缘电阻	（1）绝缘电阻测试仪“E”端可靠接地，“L”端通过引线与线路连接。 （2）确认线路上无人后，开始测量：摇动手柄，转速从低速慢慢增高到120r/min左右，并维持5min后读数；依次测量另两相绝缘	30	（1）接线错误，扣10分。 （2）测量方法错误，扣30分		

续表

项目及序号		分项	质量要求	分值	评分标准	扣分	扣分理由
工作过程	6	工作收尾	(1) 工作结束后，应先断开“L”端钮的引线，再停止摇动手柄，防止线路电容电流向绝缘电阻测试仪放电。 (2) 利用引线将导线对地放电	20	(1) 拆法错误，扣10分。 (2) 未放电，扣10分		
	7	数据分析	(1) 数据记录完整。 (2) 试验结果能正确判断	10	(1) 数据不完整，每处扣2分。 (2) 未对数据分析进行判断的，扣5～10分。 (3) 数据分析判断不正确，扣5分		
工作终结	8	安全文明生产	工作开始与结束均需向裁判报告；工作完毕后清理现场，交还工器具	10	开始或结束未主动向裁判报告，1次扣5分；未整理工器具，扣5分；未清理场地，扣5分		
操作时间	9	工作完成时间	标准用时30min		每超1min扣2分。超过8min终止考试		
其他扣分							
裁判签字							

注 如果评分标准中未列事宜出现，则由裁判酌情扣分。

A.9 变压器接地电阻测量

考试项目		变压器接地电阻测量			适应等级：中级工/高级工	成绩	
操作时间		时　　分至　　时　　分			累计用时		分
评　分　标　准							
项目及序号		分项	质量要求	分值	评分标准	扣分	扣分理由
准备工作	1	选择、检查工器具	工器具应齐全，正确检查工器具	5	工器具选错，扣3分；漏、错选、中途补充更换，1项扣1分；漏检，1项扣2分，扣完为止		
	2	着装情况	正确穿戴工作服、工作鞋、安全帽等	5	不按规定着装，1项扣1～2分		
	3	接地电阻测试仪使用前的检查	(1) 核查接地电阻仪是否处在周期试验使用期内。 (2) 水平放置接地电阻测试仪，指针度盘静态调零	5	(1) 没有试验合格标签或超周期，扣2分。 (2) 接地电阻测试仪表不检查，扣5分；检查方法不正确，扣2分		

续表

项目及序号		分项	质量要求	分值	评分标准	扣分	扣分理由
工作过程	4	断开接地装置	断开接地网与配电装置的连接	5	未断开接地装置直接测量的，扣5分；未戴绝缘手套，扣5分		
	5	接线	（1）确认接地电阻测试仪接线桩“C_2”“P_2”已短接。 （2）清除被测接地体接线端子上氧化物，确保连接紧密。 （3）将2支测量接地棒插入离被测接地体20m与40m远地内，深度不小于接地棒长度的3/4（一般为400mm），并与土壤接触良好。 （4）用连接线将接地电阻测试仪接线桩“C”“P”“C_2”“P_2”与电流极、电压极接地棒进行可靠连接，接线正确。 （5）根据接地装置敷设方向，电流极、电压极测试布线方向正确，连线与接地棒接触良好，电压极与电流极引线应保持1m以上的距离	30	（1）接地棒深度不够，扣2～5分。 （2）接地棒的距离不够，扣2～5分。 （3）接地体接线端子氧化层未清除，扣2分。 （4）接线不正确，扣10分。 （5）布线方向错误，扣10分。 （6）电压极、电流极引线间距离不够，扣5分		
	6	测量	（1）将接地电阻测试仪放置平稳。 （2）摇动摇把，转速为120r/min。 （3）适当选用倍率（从大到小）并转动“测量标度盘”使指针居中稳定。 （4）读数（测量标度×倍率）。 （5）根据接地体敷设方向，在上次测试布线方向上旋转90°或180°，再次测量接地电阻，取两次平均值，得出接地电阻值	25	（1）放置不平稳，姿势有误，扣5分。 （2）摇速不正确，扣5分。 （3）倍率选择错误、测量调节过程不当，扣5分。 （4）读数不正确，扣20分		
	7	恢复变压器接地	恢复变压器与接地装置连接	5	未恢复接地线，扣5分；不按要求恢复接地线，扣3分		
	8	数据分析	（1）数据记录完整。 （2）根据测量数据，说明是否符合要求，如相差较大则要查明原因（提出可能存在的问题和解决的措施）	10	（1）数据不完整，每处扣2分。 （2）未对数据分析进行判断的，扣5～10分。 （3）数据分析判断不正确，扣5分		

续表

项目及序号		分项	质量要求	分值	评分标准	扣分	扣分理由
工作终结	9	安全文明生产	工作开始与结束均需向裁判报告；工作完毕后清理现场，交还工器具	10	开始或结束未主动向裁判报告，1次扣5分；未整理工器具，扣5分；未清理场地，扣5分		
操作时间	10	工作完成时间	标准用时25min		每超1min扣2分。超过8min终止考试		
其他扣分							
裁判签字							

注 如果评分标准中未列事宜出现，则由裁判酌情扣分。

A.10 架空配电线路与交叉跨越物间距离的测量

考试项目		架空配电线路与交叉跨越物间距离的测量			适应等级：中级工/高级工	成绩	
操作时间		时　分至　时　分			累计用时	分	
评　分　标　准							
项目及序号		分项	质量要求	分值	评分标准	扣分	扣分理由
准备工作	1	选择、检查工器具	工器具应齐全，正确检查工器具。经纬仪、钢卷尺、标杆等满足工作要求并检查	5	工器具选错，扣3分，漏选、错选，扣1分，工器具漏检，1项扣2分，扣完为止		
选定仪器站点	2	选择站点角度正确	在线路交叉角的钝角平分线上选择一个位置	5	不正确，扣1～4分		
	3	选用站点距离正确	选用站点距离应便于观测，仰角不宜过大或过小	5	不正确，扣1～3分		
交跨测量	4	仪器对中、整平	(1) 将三脚架踩紧并调整各脚的高度，使仪器的圆水准泡基本居中。 (2) 使长型水准器与任意两个脚螺旋的连接线平行，使气泡居中。 (3) 将仪器转动90°，旋转第三个脚螺旋，使气泡居中。 (4) 反复调整两次，仪器旋转至任何位置，水准气泡最大偏离值都不超过1/4格	20	(1) 三脚架未踩紧，扣2分。 (2) 调平方法不正确，扣2分。 (3) 反复未调整两次，扣2分。 (4) 仪器旋转至任何位置，水准气泡最大偏离值超过1/4格，扣2分		
	5	测量距离	(1) 瞄准交叉点下的测距镜头，将照准部锁紧螺旋及望远镜锁紧螺旋锁紧。 (2) 转动望远镜微动螺旋使十字丝交点对准镜头，测量出站点与交叉点距离	15	操作不正确，扣2分		

续表

项目及序号		分项	质量要求	分值	评分标准	扣分	扣分理由
交跨测量	6	测量角度	（1）将镜筒瞄准上层或下层导线，锁紧望远镜制动螺旋。 （2）转动微动螺旋，使十字丝与导线精确相切。 （3）读出上下层导线垂直角度	15	（1）操作不正确，扣2分。 （2）十字丝未对准，扣2分。 （3）角度读错不得分		
	7	利用公式计算出交叉跨越间的距离	（1）计算正确。 （2）换算至40℃时的数值	20	（1）计算不正确不得分。 （2）未换算至40℃时的数值，扣2分		
工艺熟练程度	8	熟练程度	工器具使用或动作规范，操作熟练	5	工器具使用或动作不规范，每项扣2分；操作不熟练，扣3分		
工作终结	9	安全文明生产	工作开始与结束均需向裁判报告；工作完毕后清理现场，交还工器具；仪器进出箱方法正确；仪器装箱、三脚架清理干净	10	未整理工器具，扣5分；未清理场地，扣5分；开始或结束未主动向裁判报告，1次扣5分；损坏仪器，扣全部50%分数		
操作时间	10	工作完成时间	标准用时40min		每超1min扣2分。超过8min终止考试		
其他扣分							
裁判签字							

注 如果评分标准中未列事宜出现，则由裁判酌情扣分。

A.11 利用花杆分转角杆拉线

考试项目		利用花杆分转角杆拉线			适应等级：初级工	成绩	
操作时间		时　　分至　　时　　分			累计用时		分
评　分　标　准							
项目及序号		分项	质量要求	分值	评分标准	扣分	扣分理由
准备工作	1	选择、检查工器具	工器具应齐全，正确检查工器具	5	工器具选错，扣3分；漏、错选，1项扣1分；漏检，1项扣2分，扣完为止		
	2	着装情况	正确穿戴工作服、工作鞋、安全帽等	5	不按规定着装，1项扣1～2分		

续表

项目及序号		分项	质量要求	分值	评分标准	扣分	扣分理由
工作过程	3	确定 D、E点	利用花杆和皮尺在 AB、BC 线上分别确定 D 点和 E 点，a 取值合理	30	（1）操作不熟练，扣 5～15 分。 （2）a 值选取不合理，扣 8 分。 （3）花杆对中有偏差，扣5～10 分		
	4	确定拉线方向	利用花杆、皮尺以 b 为半径，分别以 D 点和 E 点为圆心，在拉线方向画弧，相交于 F 点，则 BF 方向即为转角拉线方向	40	（1）b 值选取不合理，扣 8 分；拉线方向与实际外角平分线有偏差，酌情扣 5～15 分。 （2）测量方法错误扣整个成绩，扣 60 分；测量返工，1 次扣 5～10 分		
工艺及熟练程度	5	熟练程度	工器具使用或动作规范，操作熟练	10	工器具使用或动作不规范每项，扣 2 分；操作不熟练，扣 5～10分		
工作终结	6	安全文明生产	工作开始与结束均需向裁判报告；工作完毕后清理现场，交还工器具	10	开始或结束未主动向裁判报告，1 次扣 5 分；未整理工器具，扣 5 分；未清理场地，扣 5 分		
操作时间	7	工作完成时间	标准用时 10min		每超 1min，扣 2 分。超过 8min 终止考试		
其他扣分							
裁判签字							

注 如果评分标准中未列事宜出现，则由裁判酌情扣分。

附录B 麻绳的常用绳结

B.1 平结（直扣）

用途：连接两根粗细相同的麻绳，能自紧，容易解开。

平结（直扣）步骤如图 B-1 所示。

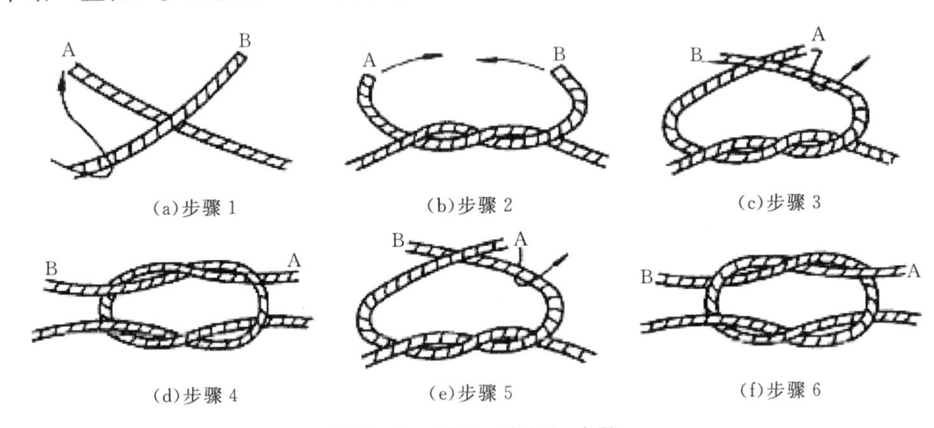

图 B-1 平结（直扣）步骤

B.2 活结（活扣）

用途：活结的用途和平结相同，但用于需要迅速解开的情况。

活结（活扣）示意如图 B-2 所示。

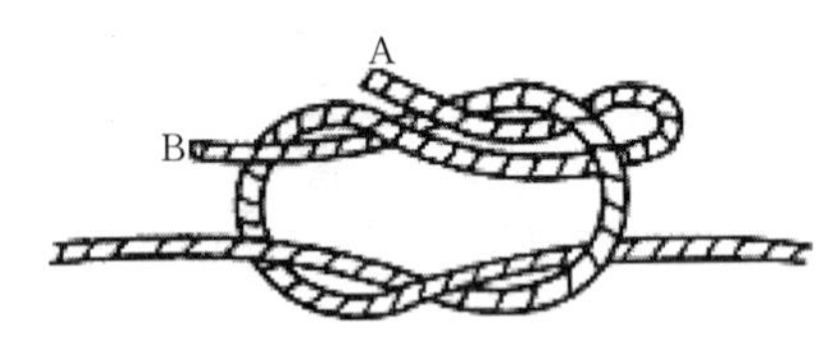

图 B-2 活结（活扣）示意图

B.3 死结

用途：重物的捆绑吊装，其绳结的结法简单，可以在绳结中间打结。

死结步骤如图 B-3 所示，另一种结绳方法如图 B-4 所示。

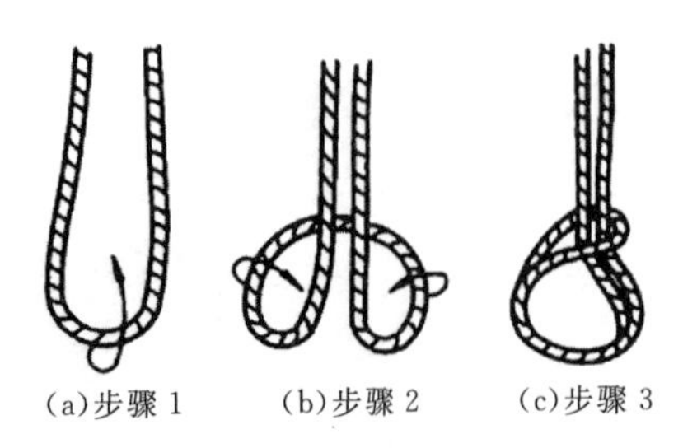

图 B-3 死结步骤

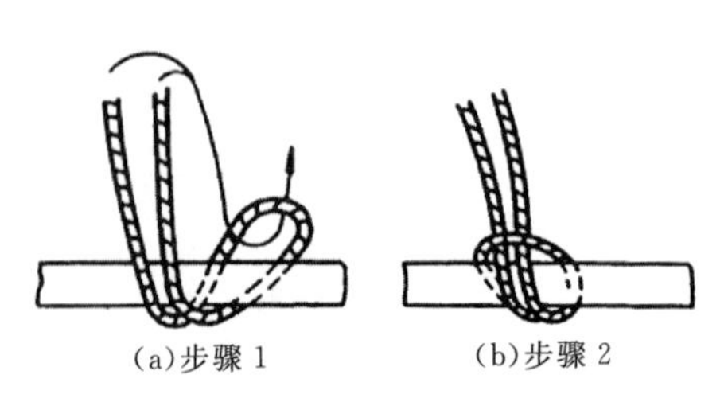

图 B-4 死结的另一种结绳方法

B.4　水手结（滑子扣、单环结）

用途：水手结在起重作业中使用较多，主要用于拖拉设备和系挂滑车等。

水手结（滑子扣、单环结）及水手结的另一种结绳方法如图 8-5 和图 8-6 所示。

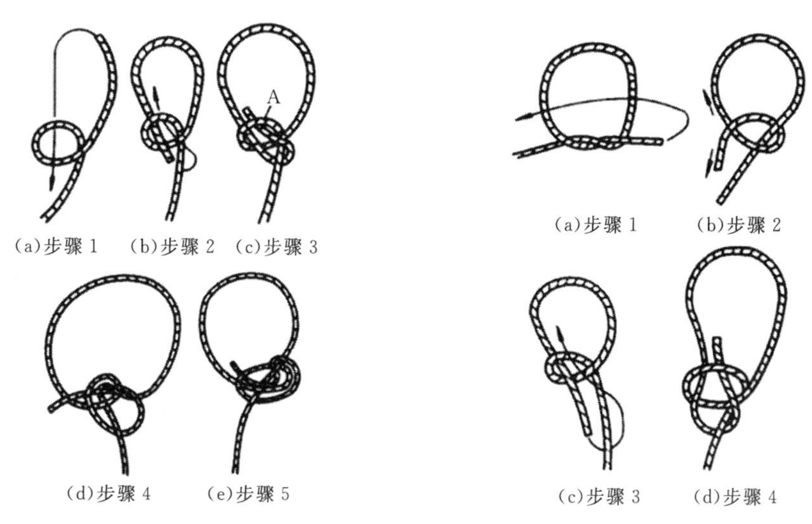

图 B-5　水手结（滑子扣、单环结）步骤

图 B-6　水手结的另一种结绳方法

B.5　双环扣（双环套、双绕索结）

用途：作用与水手结基本相同，它可在绳的中间打结。由于其绳结同时有两个绳环，因此在捆绑重物时更安全。

双环扣（双环套、双绕索结）步骤和双环扣的另一种结绳方法如图 B-7 和图 B-8 所示。

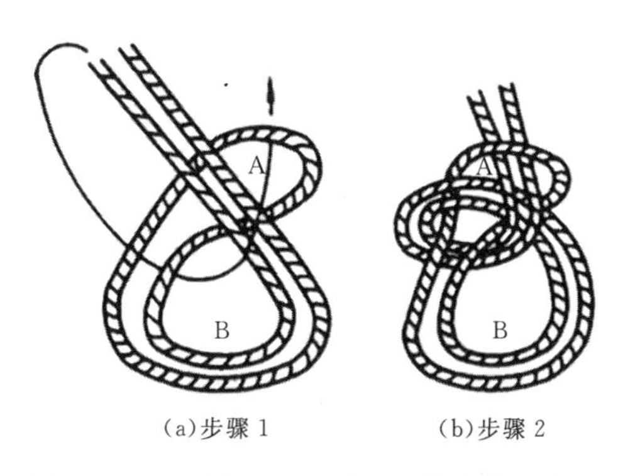

图 B-7　双环扣（双环套、双绕索结）步骤

B.6　“8”字结（梯形结、猪蹄扣）

用途：在传递物体和抱杆顶部等处绑绳时用。

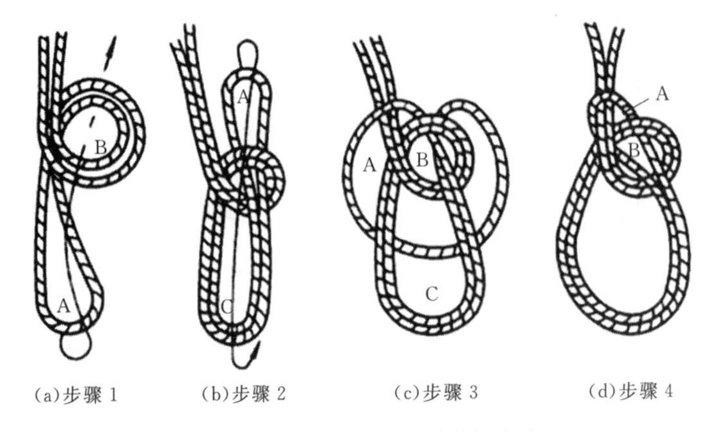

图 B-8　双环扣的另一种结绳方法

"8" 字结（梯形结、猪蹄扣）步骤如图 B-9 所示。

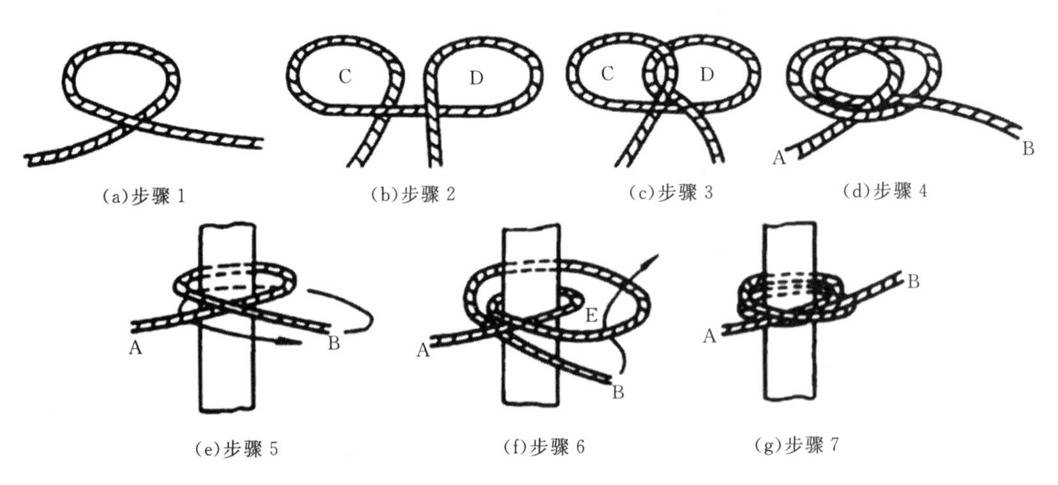

图 B-9　"8" 字结（梯形结、猪蹄扣）步骤

B.7　双 "8" 字结（双梯形结、双猪蹄扣）

用途：捆绑物件或绑扎桅杆，基绳比 "8" 字结更加牢固。

双 "8" 字结（双梯形结、双猪蹄扣）步骤如图 B-10 所示。

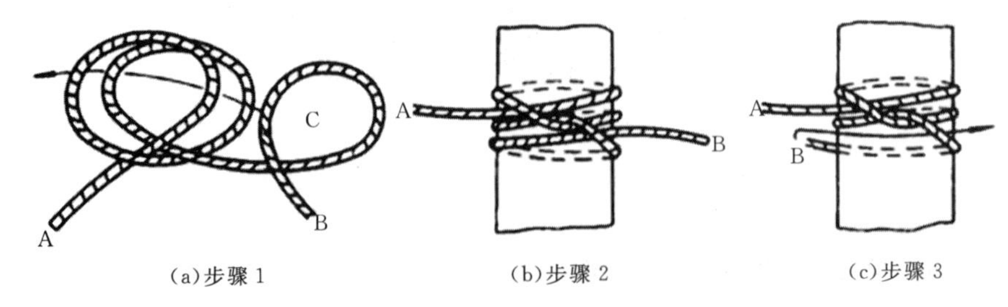

图 B-10　双 "8" 字结（双梯形结、双猪蹄扣）步骤

B.8 木结（背扣、活套结）

用途：用于起吊较重的杆件，如圆木、管子等，其特点是易绑扎，易解开。

木结（背扣：活套结）步骤如图 B-11 所示。

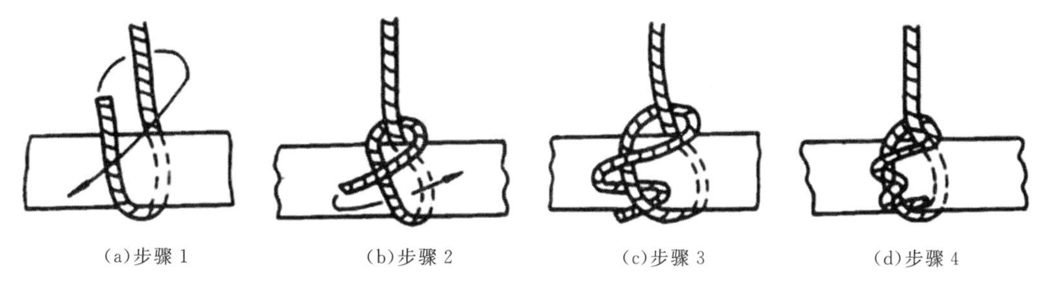

图 B-11 木结（背扣、活套结）步骤

B.9 叠结（倒背扣、垂直运扣）

用途：垂直方向捆绑起吊质量较轻的杆件或管件（横担、榔头等细长工器具材料）。

叠结（倒背扣、垂直运扣）步骤如图 B-12 所示。

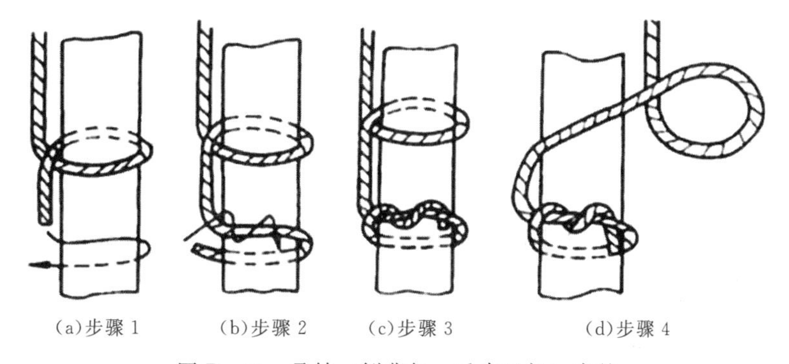

图 B-12 叠结（倒背扣、垂直运扣）步骤

B.10 杠棒结（抬扣）

用途：用于质量较轻物件的抬运或吊运。在抬起重物时绳结自然收紧，结绳及解绳迅速。

杠棒结（抬扣）步骤如图 B-13 所示。

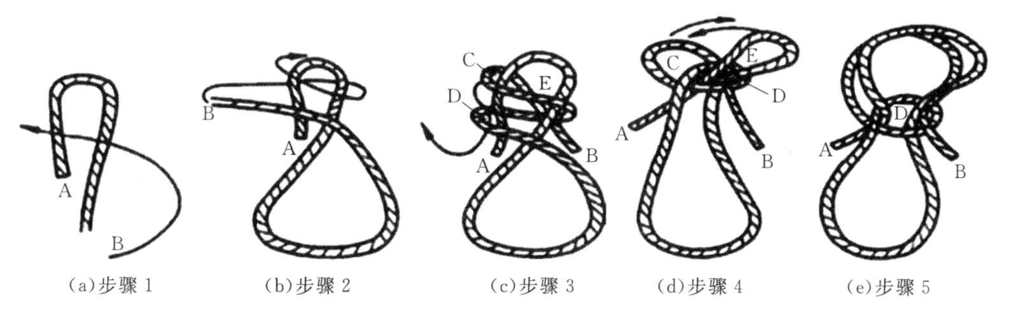

图 B-13 杠棒结（抬扣）步骤

B. 11　抬缸结

用途：用于抬缸或吊运圆形的物件。
抬缸结步骤如图 B－14 所示。

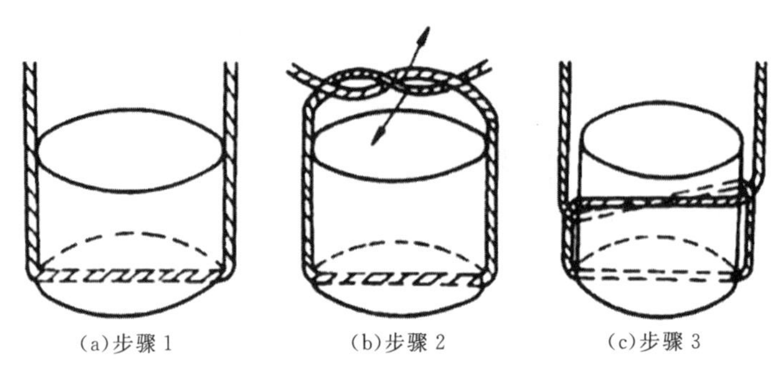

图 B－14　抬缸结步骤

B. 12　蝴蝶结（瓶结）

用途：在吊物体时用此结，物体起吊时保证不摆动，且较结实可靠（吊瓷瓶）。
蝴蝶结（瓶结）步骤如图 B－15 所示。

B. 13　挂钩结

用途：用于吊装千斤绳与起重机械吊钩的连接。绳结的结法方便、牢靠。
挂钩结步骤如图 B－16 所示。

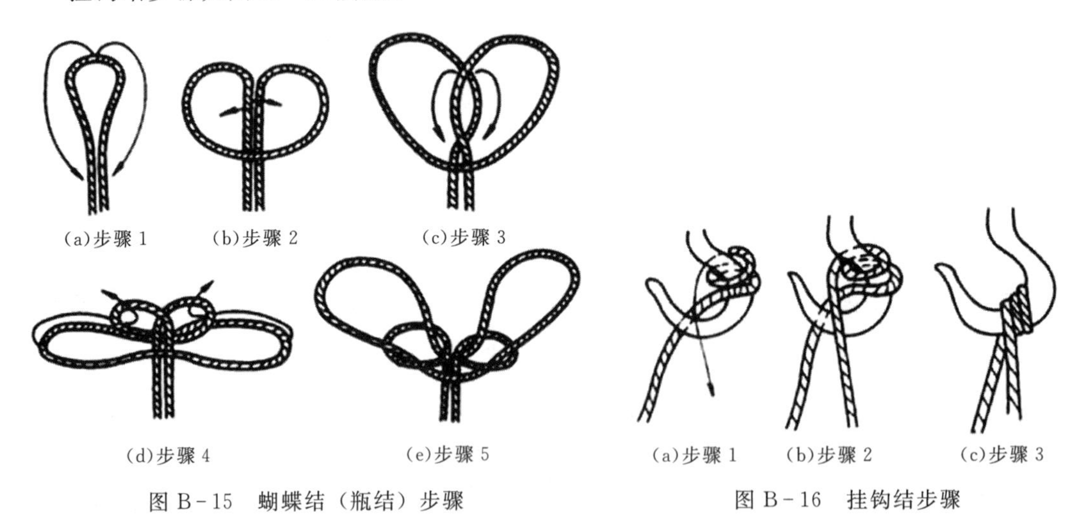

图 B－15　蝴蝶结（瓶结）步骤

图 B－16　挂钩结步骤

B. 14　拴柱结

用途：用于缆风绳的固定或用于溜放绳索。用于固定缆风绳时，结绳方便、迅速、易解；当用于溜放绳索时，受力绳索溜放时能缓慢放松，易控制绳索的溜放速度。

拴柱结步骤如图 B－17 所示。

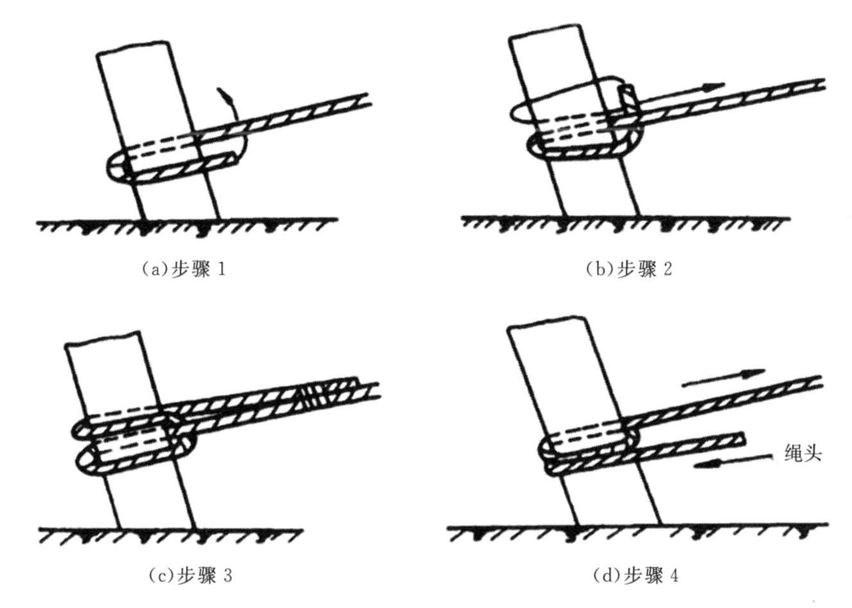

图 B－17　拴柱结步骤

附录C　电力施工中常见的绳节结法图示

C.1　大卡钳

结法：套扣。

大卡钳绳结结法如图C-1所示。

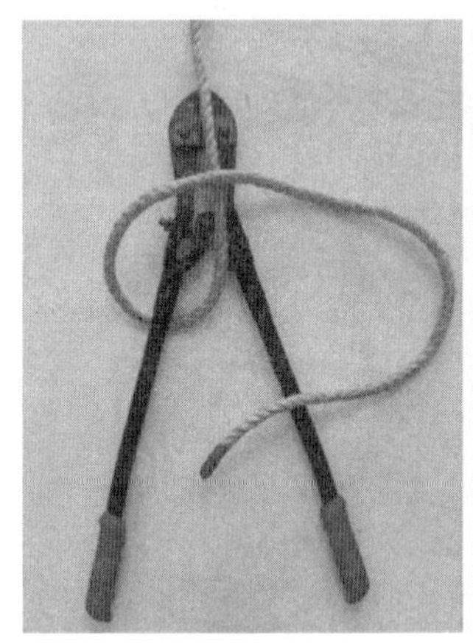
(a)步骤1

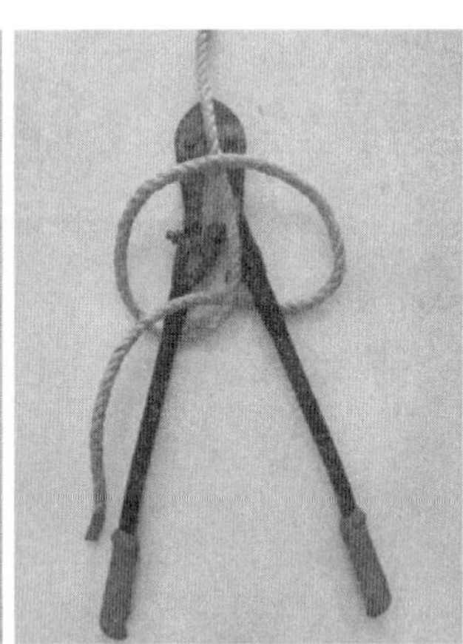
(b)步骤2

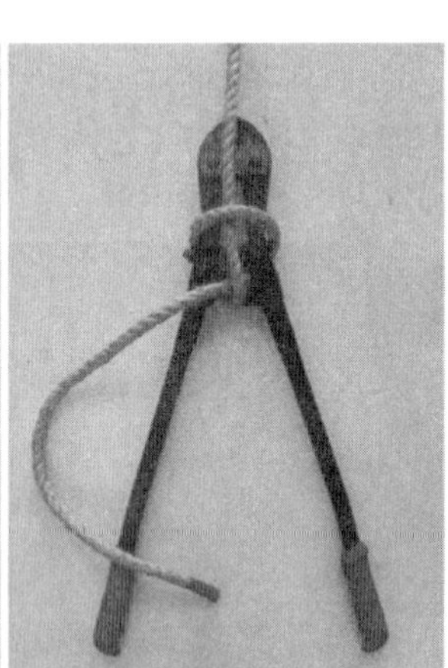
(c)步骤3

图C-1　大卡钳绳结结法

C.2　榔头

结法：T形扣。

榔头绳结结法如图C-2所示。

(a)步骤1

(b)步骤2

(c)步骤3

图C-2　榔头绳结结法

C. 3　单横担

结法：叠结（倒背扣）。

用途：适合双钩、大锤、横担等细长物件，牢固不松脱，垂直上下。

单横担绳结结法如图 C－3 所示。

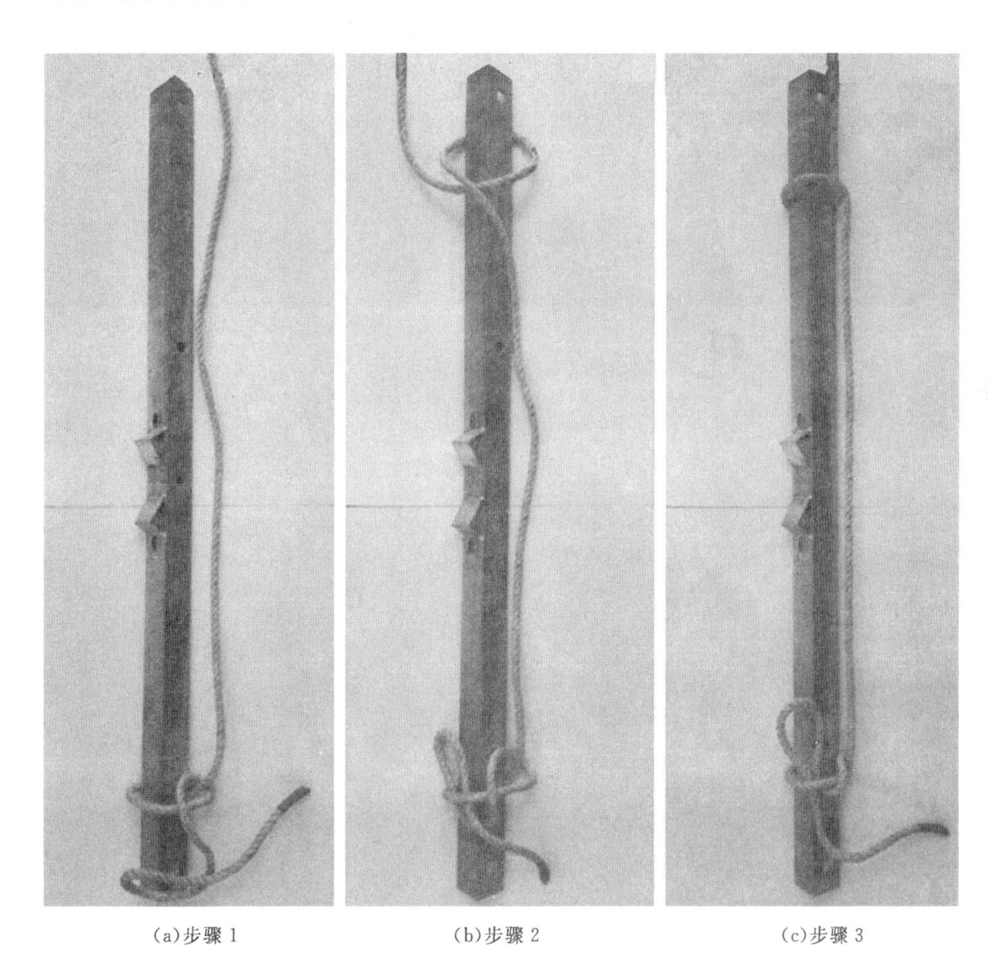

(a)步骤 1　　(b)步骤 2　　(c)步骤 3

图 C－3　单横担绳结结法

C. 4　导线

(1) 结法：水手结。

用途：导线吊起。

导线的水手结结法如图 C－4 所示。

(2) 结法：死长线结。

用途：牵引导线。

导线的死长线结结法如图 C－5 所示。

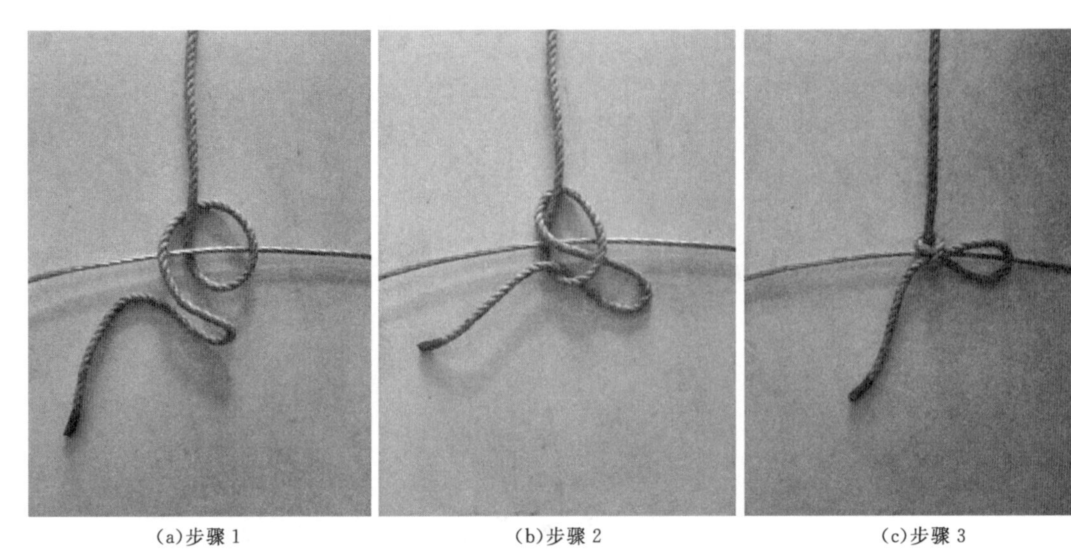

(a)步骤 1　　(b)步骤 2　　(c)步骤 3

图 C-4　导线的水手结结法

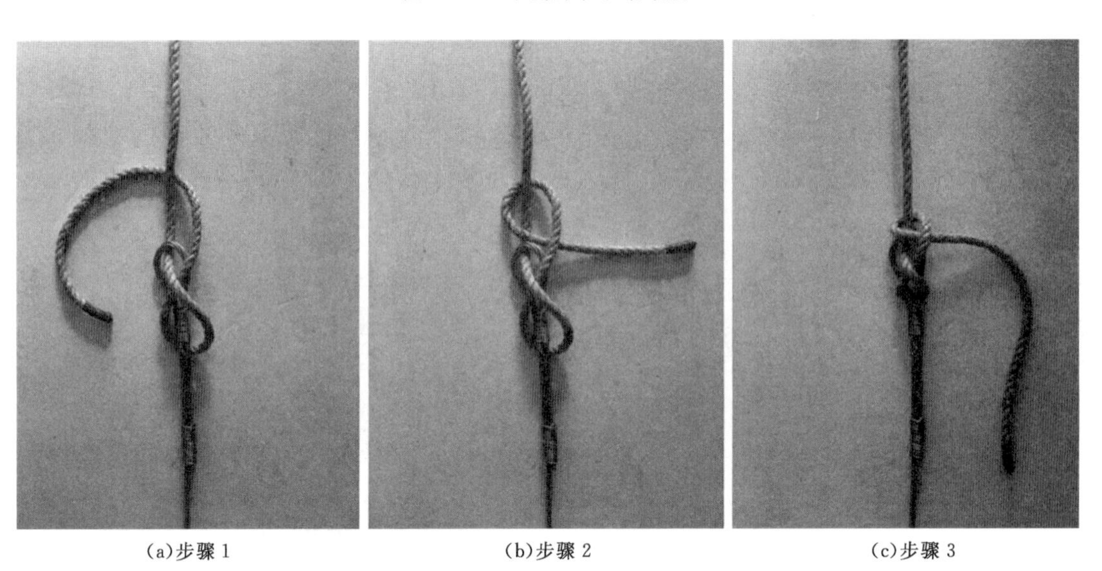

(a)步骤 1　　(b)步骤 2　　(c)步骤 3

图 C-5　导线的死长线结结法

C.5　避雷器

结法：双“8”字结。

避雷器绳结结法如图 C-6 所示。

C.6　悬式瓷瓶

结法：复合结。

悬式瓷瓶绳结结法如图 C-7 所示。

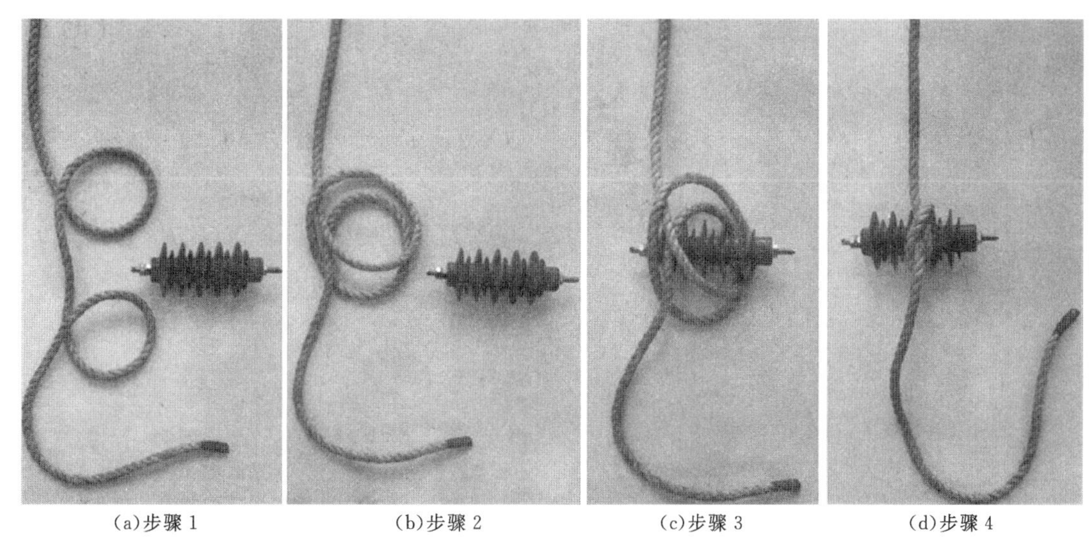

(a)步骤 1　　(b)步骤 2　　(c)步骤 3　　(d)步骤 4

图 C-6　避雷器绳结结法

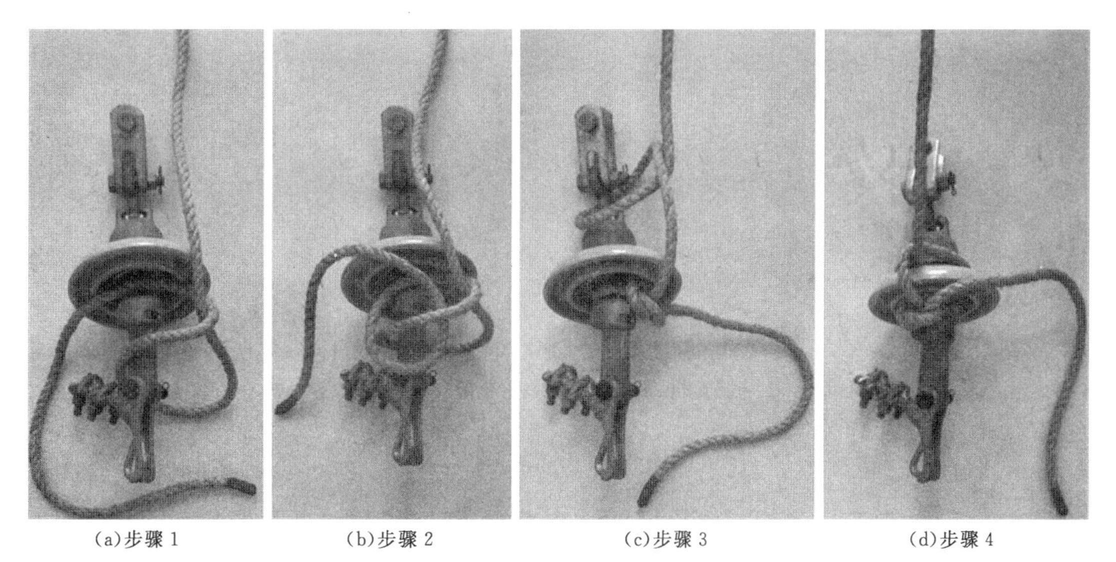

(a)步骤 1　　(b)步骤 2　　(c)步骤 3　　(d)步骤 4

图 C-7　悬式瓷瓶绳结结法

C.7　瓷横担

结法：活背结。

瓷横担绳结结法如图 C-8 所示。

C.8　电杆

结法：幌绳结。

用途：提杆临时拉绳用此结，杆立起后杆下用手抖拉绳，套在杆上的绳套自然顺杆落地，不用上杆解绳结。

电杆绳结结法如图 C-9 所示。

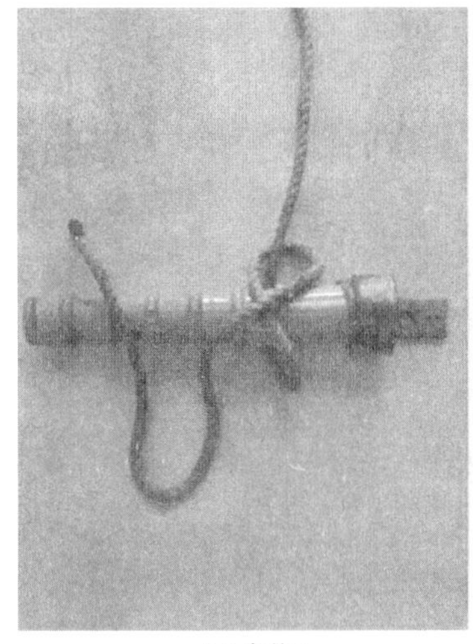
(a)步骤 1

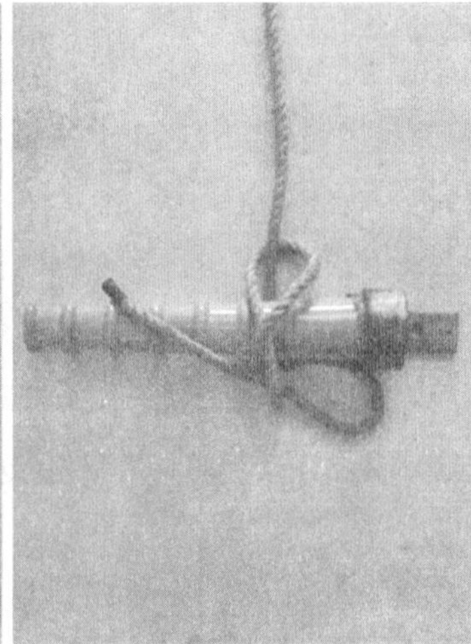
(b)步骤 2

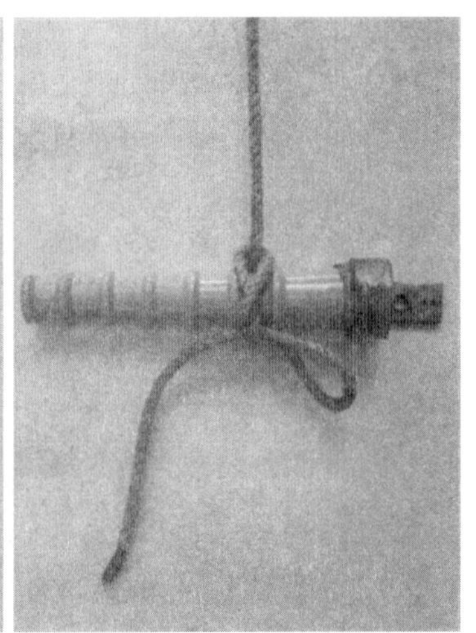
(c)步骤 3

图 C-8　瓷横担绳结结法

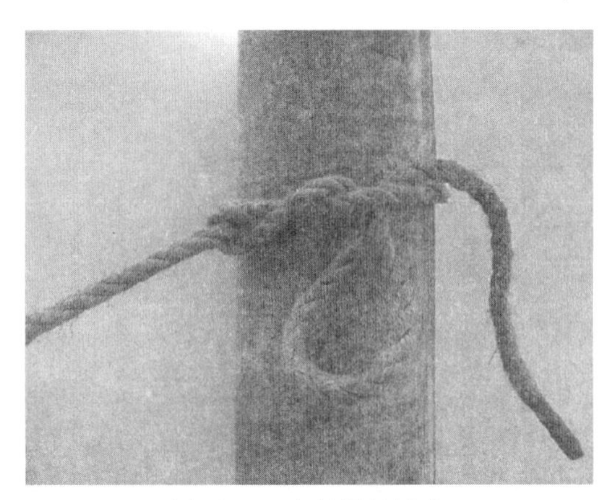
图 C-9　电杆绳结结法

C.9　锚桩

结法：钢丝绳结。

锚桩绳结结法如图 C-10 所示。

(a)步骤 1

(b)步骤 2

(c)步骤 3

图 C-10　锚桩绳结结法

参 考 文 献

[1] 北京电力公司，关城．供用电工人技能手册：配电线路［M］．北京：中国电力出版社，2004.
[2] 国家电网公司人力资源部．国家电网公司生产技能人员职业能力培训专用教材：电气试验［M］．北京：中国电力出版社，2010.
[3] 国家电网公司人力资源部．国家电网公司生产技能人员职业能力培训专用教材：电测仪表［M］．北京：中国电力出版社，2010.
[4] 楼其民，楼钢．110kV 变电站电气试验技术［M］．北京：中国水利水电出版社，2016.